“十三五”应用型人才培养规划教材·艺术设计

室内设计 空间手绘表现

陈春娜 李庆明 邱慈波 编著

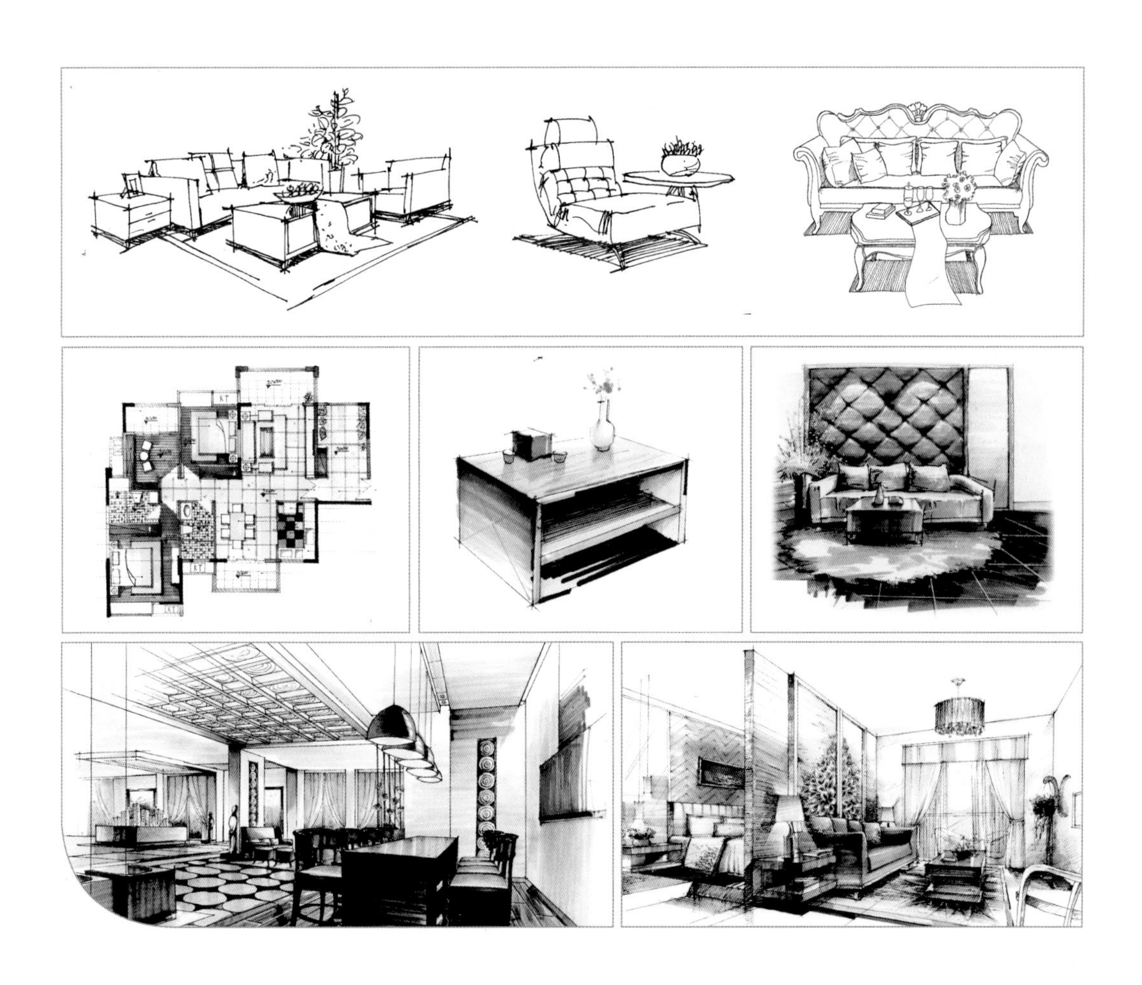

清华大学出版社
北 京

内 容 简 介

本书共包括四个模块：线条与形体、空间与透视、空间色彩与表现、案例空间之设计表达。模块 1 主要针对线条进行练习和学习；模块 2 主要讲解一点透视和两点透视，以及透视与空间结构表现和训练；模块 3 重点学习马克笔的材质表现和空间表现；模块 4 对设计中经常面临的几大风格进行了设计快题的表现。

本书内容连贯，节奏紧凑，根据职业院校学生学习的特点合理安排各项学习任务。通过四个模块的学习，初学者可以掌握手绘技法并学会技法应用。

本书可作为职业院校室内装饰设计专业手绘技法表现的教学用书，也可作为室内手绘爱好者的自学用书。

图书在版编目（CIP）数据

室内设计空间手绘表现 / 陈春娜，李庆明，邱慈波编著 .—北京：清华大学出版社，2020（2023.7重印）
"十三五"应用型人才培养规划教材 . 艺术设计
ISBN 978-7-302-54060-1

Ⅰ . ①室…　Ⅱ . ①陈…　②李…　③邱…　Ⅲ . ①室内装饰设计－建筑构图－绘画技法－高等学校－教材　Ⅳ . ① TU204.11

中国版本图书馆 CIP 数据核字（2019）第 241360 号

责任编辑：王剑乔
封面设计：刘　键
责任校对：袁　芳
责任印制：丛怀宇

出版发行：清华大学出版社
网　　址：http://www.tup.com.cn，http://www.wqbook.com
地　　址：北京清华大学学研大厦A座　　**邮　　编：**100084
社 总 机：010-83470000　　**邮　　购：**010-62786544
投稿与读者服务：010-62776969，c-service@tup.tsinghua.edu.cn
质量反馈：010-62772015，zhiliang@tup.tsinghua.edu.cn
课件下载：http://www.tup.com.cn，010-83470410
印 装 者：北京博海升彩色印刷有限公司
经　　销：全国新华书店
开　　本：210mm×285mm　　**印　　张：**7.5　　**字　　数：**209千字
版　　次：2020年1月第1版　　**印　　次：**2023年7月第4次印刷
定　　价：49.00元

产品编号：074854-01

前言

FOREWORD

在现有的职业技术院校中，有很多开设了室内装饰设计专业的，但针对职业院校学生的室内设计手绘表现教材却很少，大部分是一些大专院校的教材或手绘培训机构编写的手绘技法书籍，缺乏相关的针对性练习指引及要求说明，并不完全适合职业院校学生的专业学习。同时，室内空间手绘表现既是一项技能，又是专业深造的一个基石。因此，编者根据职业院校专业课程设置的特点及职业院校学生的学习特点，对课程经过多年的优化，编写成本书，希望本书能为职业院校室内装饰设计专业的教学贡献一点绵薄之力，也希望学生在通过本书进行专业学习时能带来学习上的愉悦并有一定的收获。

本书在充分吸收众多优秀手绘表现书籍的基础上，从职业院校室内装饰设计专业课程结构的特点和学生的学习能力入手，培养学生室内空间设计徒手表现能力和技能，特别是通过技能的掌握进行设计表达的思维能力训练，这些都将为学生在今后的工作中或在专业的继续深造中奠定良好的基础。本书有以下几个特点。

（1）采取模块化教学方法编写。以任务驱动为导向，将理论基础学习融入相关模块，让学生明确每个学习任务、要求及方法，通过一定量的练习来完成任务的学习，从而掌握相关的知识或技能。

（2）着重室内空间的结构表现，能够让学生通过讲解和练习之后达到一种能力，即面对任何一个空间都能够快速地把空间结构在画纸上合理地表现出来。同时增加设计表达内容，让学生能够利用技能去实际应用，提高设计表现能力。

（3）组织架构科学，有实例、范例，简易明了，符合职业院校学生的学习特点；有适量的作业练习，符合职业院校学生的学习时间安排。

本书共四个模块：线条与形体，是手绘表现的基础；空间与透视，是手绘空间表现的基础；空间色彩与表现，是手绘技能的提高；案例空间之设计表达，是对手绘技能的应用。每个模块内容连贯性强，节奏紧凑，通过相关任务的学习和针对性练习，使学生逐个突破各项知识点，掌握相关技能，从而提高整体空间表现的能力及设计表达能力。

在此，非常感谢校企合作单位及同事的大力支持，书中若有疏漏之处，还希望广大读者批评、指正。

编　者

2019年10月

目录

CONTENTS

模块 1

线条与形体

学习导语

线条是室内空间手绘表现的基础，练习好线条是做好一张效果图的前提条件。线条的学习重点在“练”上，本模块所提到的练线方法不受时间和空间限制，只要有纸和笔，就可以随时进行练习，相信通过不断地练习，你手中的线条自然也会逐渐“好看”起来。同时，室内手绘中的形体具体来说主要是指家具造型及相关饰物等，要画好这些，除了对已有造型的大量练习之外，还应注重对不断变化的设计造型进行捕捉，当这些设计素材积累到一定量时，手中的笔才真正能做到下笔有形，保持活力。

任务 1　了解室内空间手绘表现及工具

1. 空间手绘表现的概念和特点

空间手绘表现也称为室内设计透视效果图。它是通过绘画手段直接而又形象地表达设计师的构思与想法，是传递设计信息及设计理念的重要工具，是设计师必备的设计手段。其主要特点在于直观、快速、图解化以及易于让人接受，能使我们的设计迅速、直接进入形象化的视觉空间。

2. 空间手绘表现的意义

（1）捕捉设计灵感。有时巧妙的设计灵感常常一闪而过，用快速的手绘表现能迅速地捕捉到它，而且能在此基础上进一步发挥，演变成一个设计的完整体。

（2）空间手绘表现是设计方案讨论交流过程中一个快速有效的途径。在设计师思考的领域里，采用的是集体思考的方式来解决问题，相互启发、相互提出合理的建议，同时在做方案之前，设计师还需要同业主等进行面对面的交流和探讨，所以图形类的快速表现就显得尤为重要。

（3）青睐手绘表现的业内人士与日俱增。手绘表现已成为今后设计师做设计表现图的一种流行趋势。

3. 空间手绘表现使用的工具

A3 纸和笔（钢笔、绘图笔、马克笔、水溶性彩铅），如图 1-1 和图 1-2 所示。

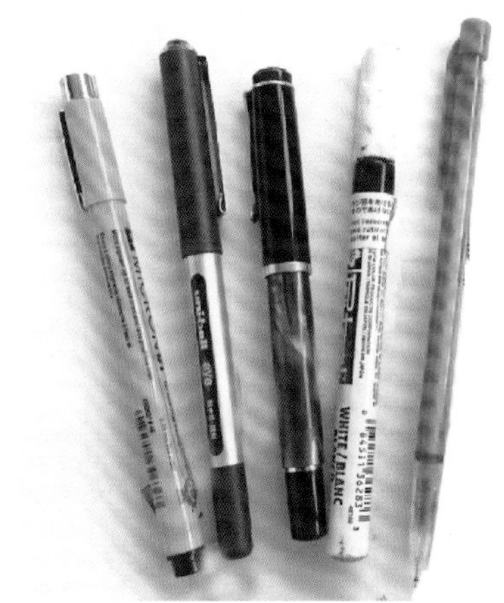
图 1-1　线稿用笔（钢笔、绘图笔）

4. 提高空间手绘的技巧和方法

注意资料的收集。资料收集如同“词汇”收集，“词汇”越多，对设计的表达就越能随心所欲。对于资料的收集，不能仅停留在阅览层，

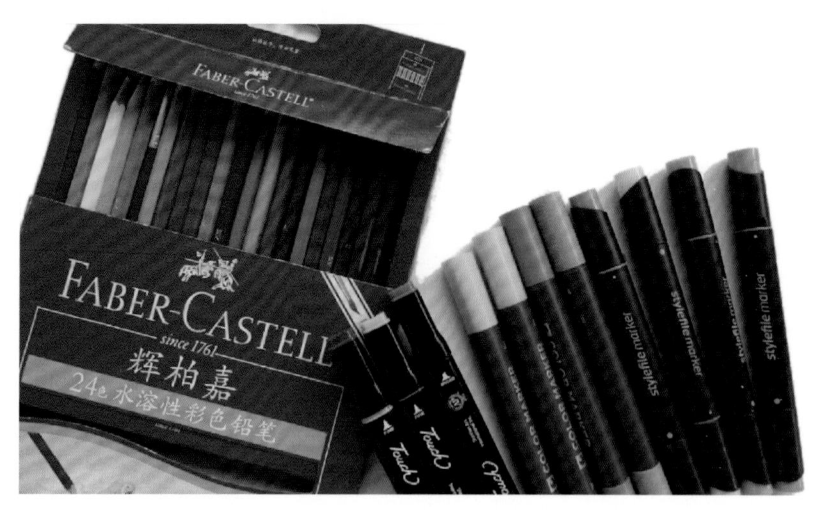

图 1-2　色稿用笔（马克笔、水溶性彩铅）

在现实生活和学习中要培养随手记录的习惯，如某个场景空间（图 1-3）、某把椅子的造型（图 1-4）、某处壁面的处理、某些门套的结构、某些窗帘的色彩、某处地毯的图案、某个饰品的质感等，都可能让你感到设计所带来的感动，不妨将其画下来，作为备用资料储备起来，而对于那些好的设计方案都应该徒手记录，并附于文字注解，对材质、色彩给予简单的标注和说明（图 1-5）。

图 1-3　岑志强马克笔场景写生

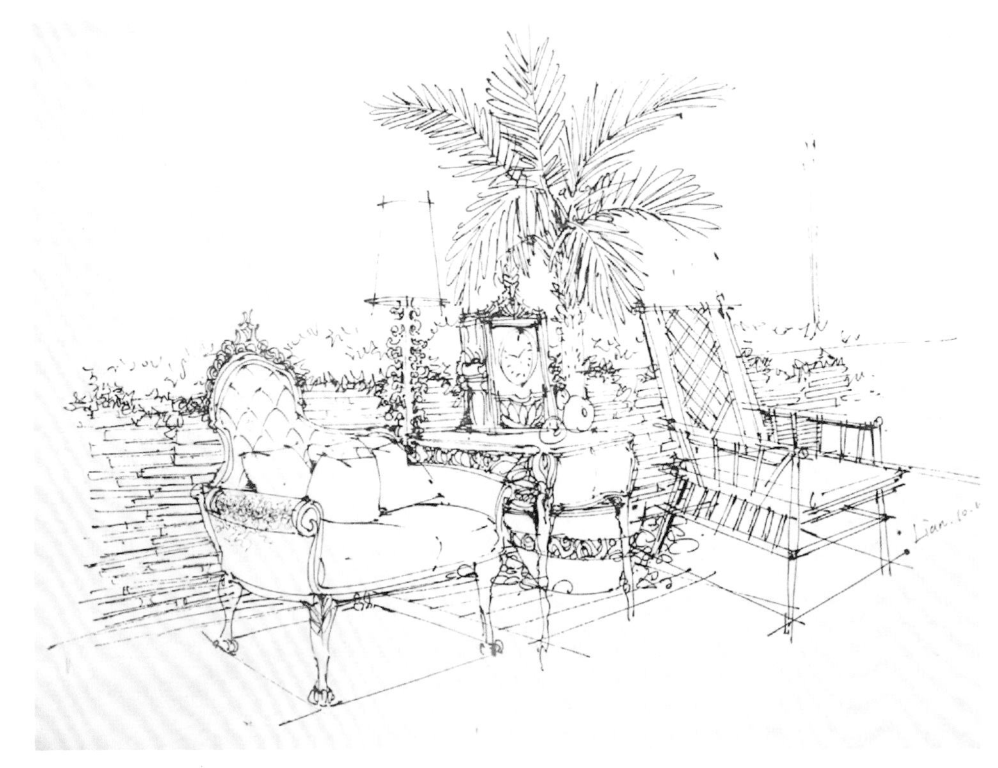

图 1-4 连柏慧速写小品

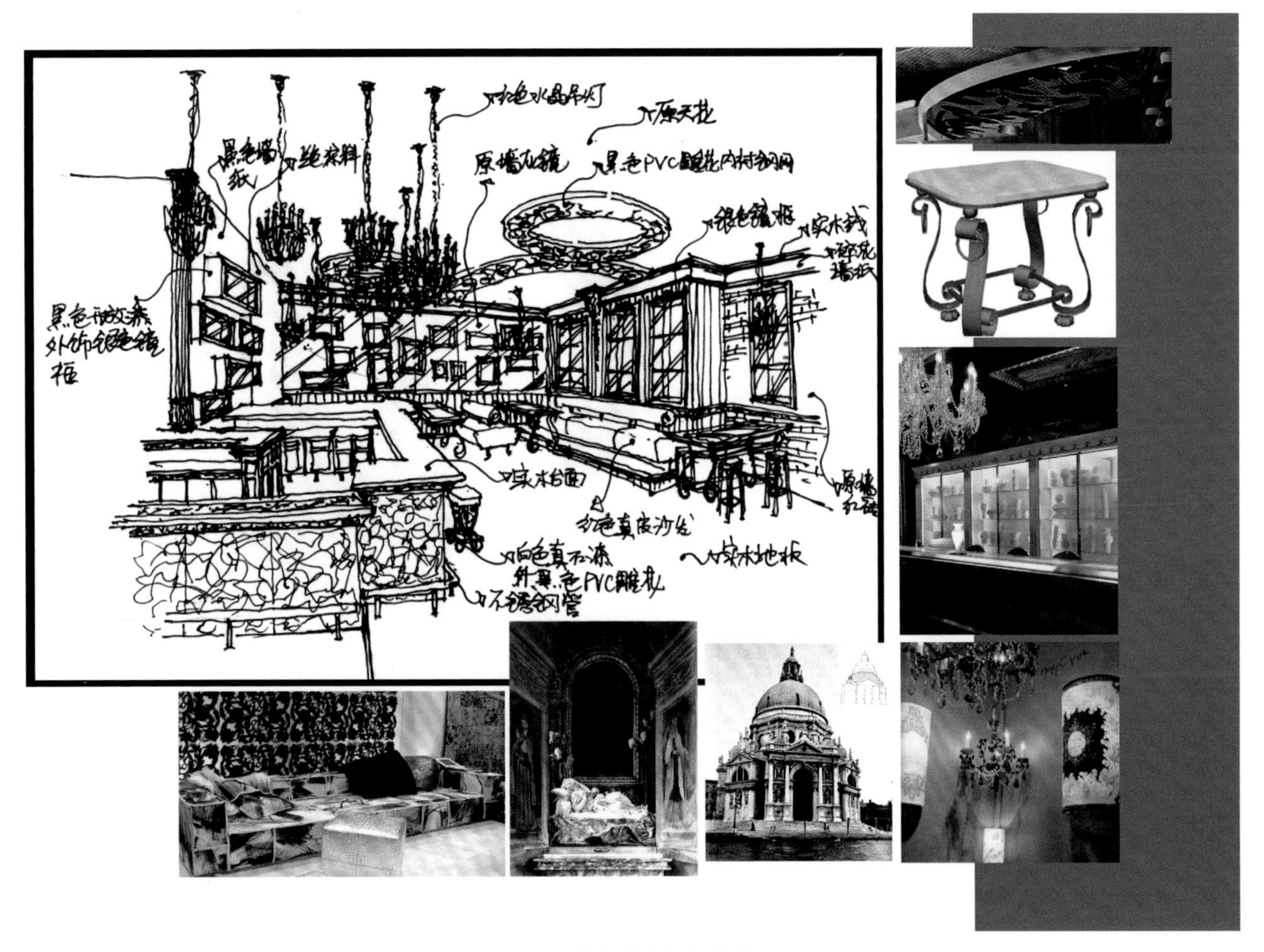

图 1-5 某餐饮空间设计草图

作业练习

（1）通过网络收集你喜欢的家具图20张，室内空间实景效果图30张，风格不限，并整理成压缩文件共享在班级群中（可提供相关网站、书籍或者设计师作品给同学们参考）。

（2）通过网络收集你喜欢的20张室内空间手绘效果图，风格不限，并整理成压缩文件共享在班级群中（可提供相关网站、书籍或者设计师作品给同学们参考）。

任务2 练习线条

1. 线条的认识

线条是一切造型艺术的基础，要想画好一张室内手绘效果图，自然离不开对线条的掌握。同时，线条不仅仅能表现出物体的形体特征，还能体现绘画者的情绪和性格，从而形成不同的画面风格，如直率的直线、自由的曲线以及画面所表现出来的严谨与奔放。因此需要对线条进行有目的性的练习，让手绘中的线条能够被自由掌控，富有表现力及灵气，而能够肯定地运用各种线条表达对象的性格特点也是练习线条中的难点。

2. 线条的练习

如何表现出线条美感是关键。用线的关键在于起笔、运笔与收笔。

1）直线

按照方向分可分为横直线、竖直线和斜线。

横直线给人一种平静、广阔、安静的感觉，如图1-6所示。

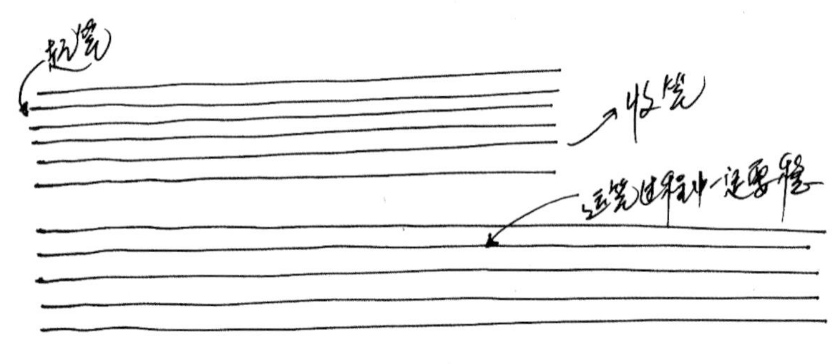

图1-6 横直线

竖直线给人一种挺拔、庄重、上升的感觉；斜线给人一种运动、活力、变化的感觉，如图1-7所示。

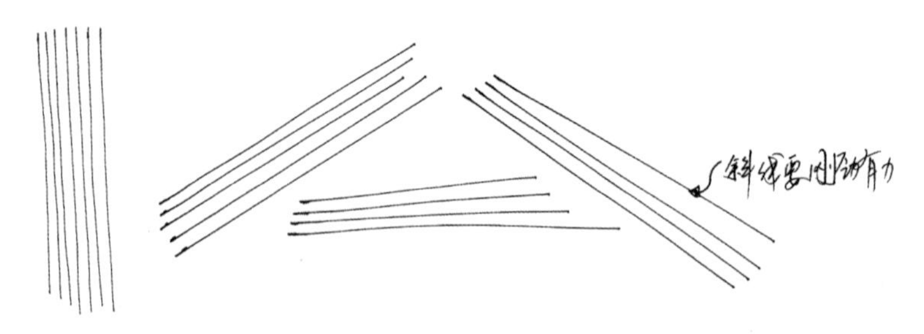

图1-7 竖直线和斜线

按照表现方式分可分为快直线、慢直线和抖线。快直线给人一种干脆利落之感；慢直线给人一种平和缓慢之感；抖线给人一种灵动之感，如图1-8和图1-9所示。

2）曲线

曲线在软装家具、材质与结构表现上运用得较多，绘画时要注意其流畅度的表达，如图 1-10 所示。

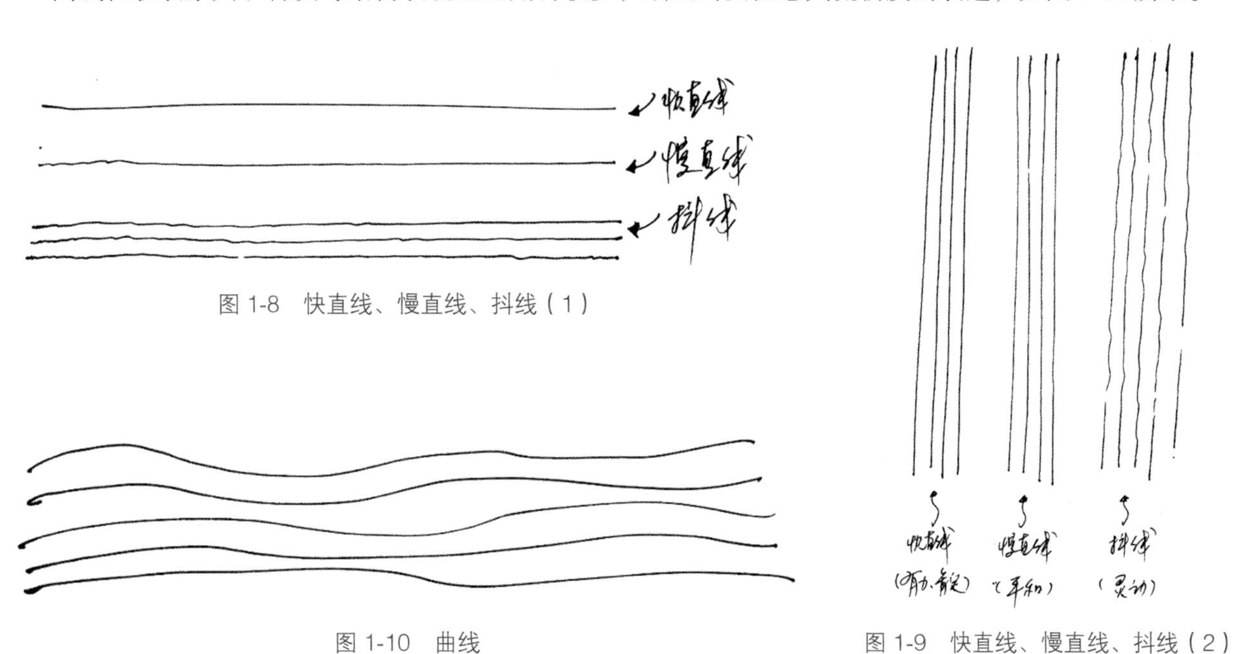

图 1-8　快直线、慢直线、抖线（1）

图 1-10　曲线

图 1-9　快直线、慢直线、抖线（2）

3）折线

折线一般在植物边缘处理、干枝造型、大理石纹理等中常用到，如图 1-11 所示。

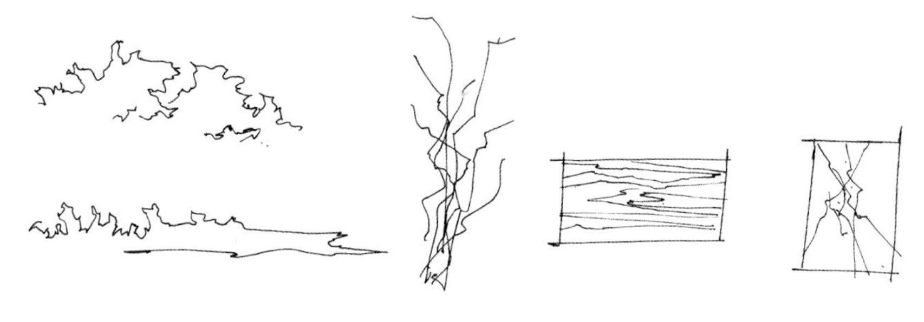

图 1-11　折线

3. 一些练线方法

练线的方法如下：定点，走空笔，看准位置连线。

注意：练习时应注意间距，连线的同时也要把尺寸感练出来。

图 1-12~ 图 1-14 是一些练线方法，请反复练习。

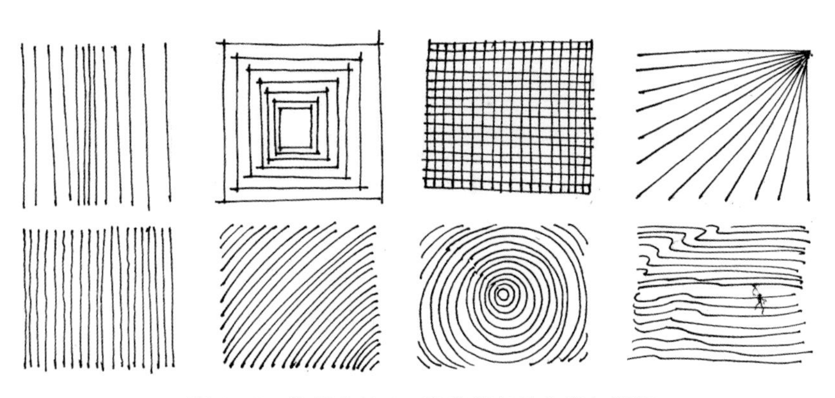

图 1-12　练线方法 1：注意线条的力度与间距

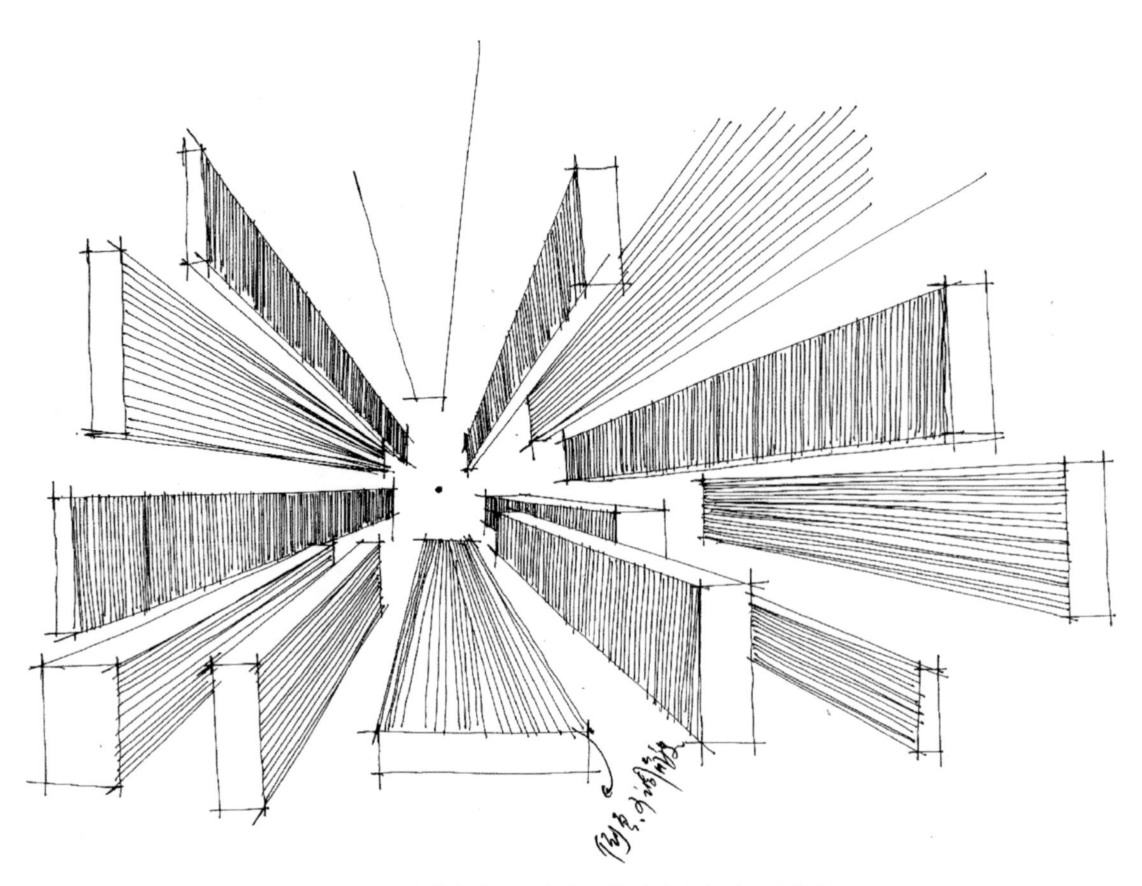

图 1-13 练线方法 2：注意用笔时的肯定性和流畅性

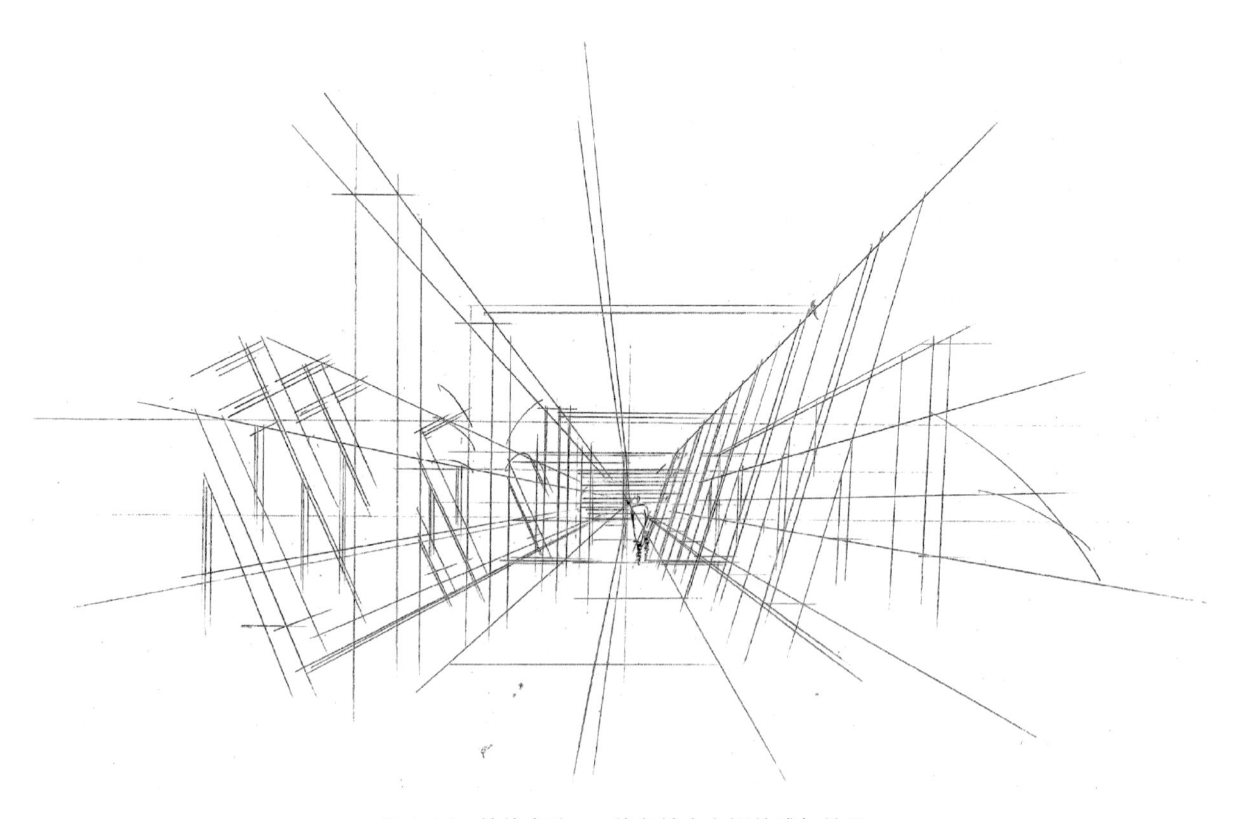

图 1-14 练线方法 3：线条结合空间的感知练习

作业练习

对所提供的练线方法进行不断的练习，每日确保 2 张 A3 纸的线量。

任务 3　学习线条与质感表现

在室内设计手绘效果图中，会涉及到各种各样装饰材料的表现，丰富材质的表现会使效果图更加逼真，设计交代更清晰。因此，在平时的训练中要对各种材质的表现进行充分深入的刻画并掌握好它们的规律。处于线稿阶段的效果图，则依然通过线条来表现。

1. 石材质感的线条表现

石材图片及石材质感的线条表现（大理石、文化石）如图 1-15 所示。

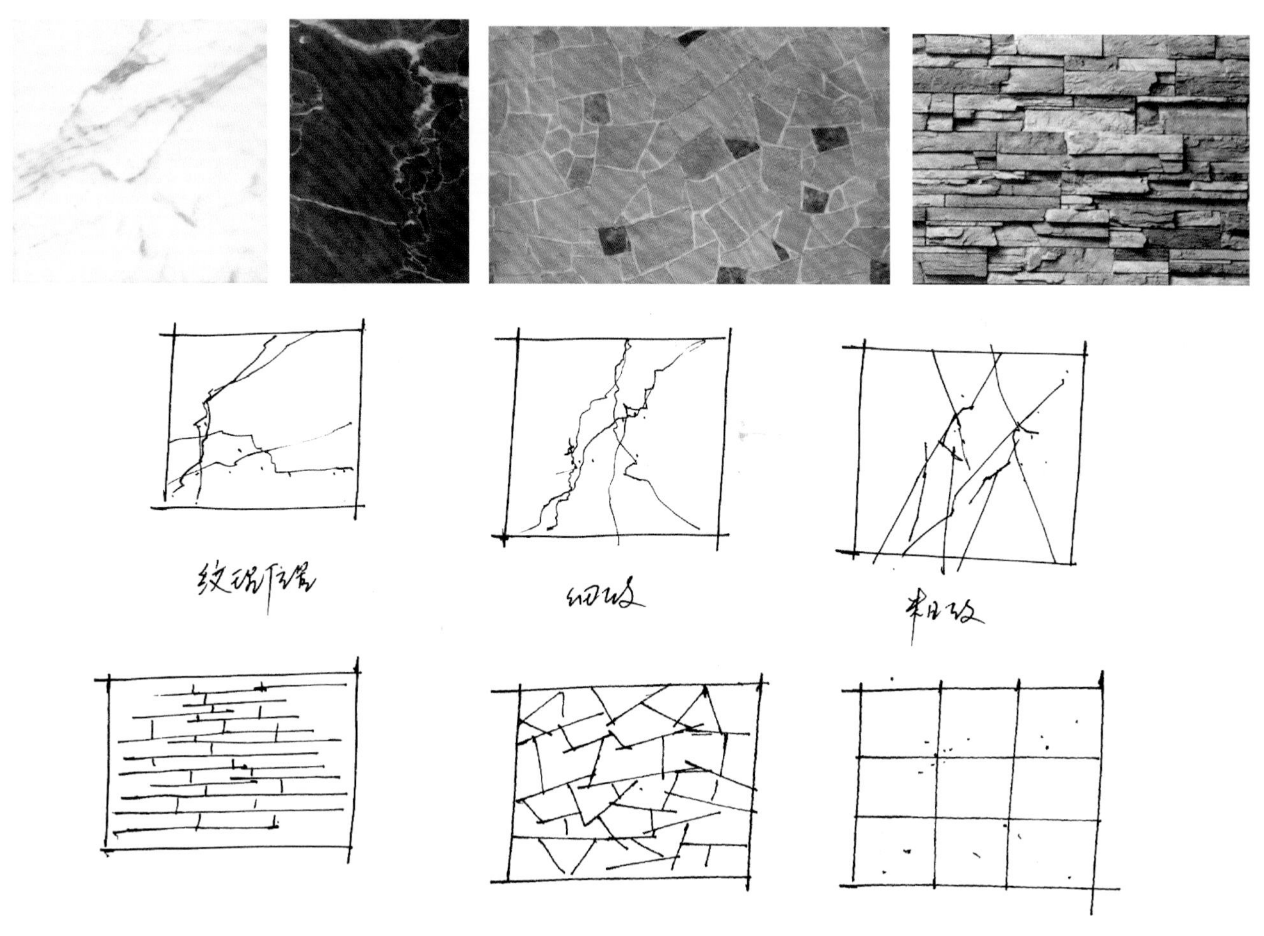

图 1-15　石材图片及石材质感的线条表现

2. 木材质感的线条表现

木材图片及木材质感的线条表现如图 1-16 所示。

3. 藤艺质感的线条表现

藤艺质感的线条表现以组织结构为主，如图 1-17 所示。

4. 玻璃与不锈钢质感的线条表现

玻璃与不锈钢质感的线条表现以直线为主，要果断肯定，如图 1-18 所示。

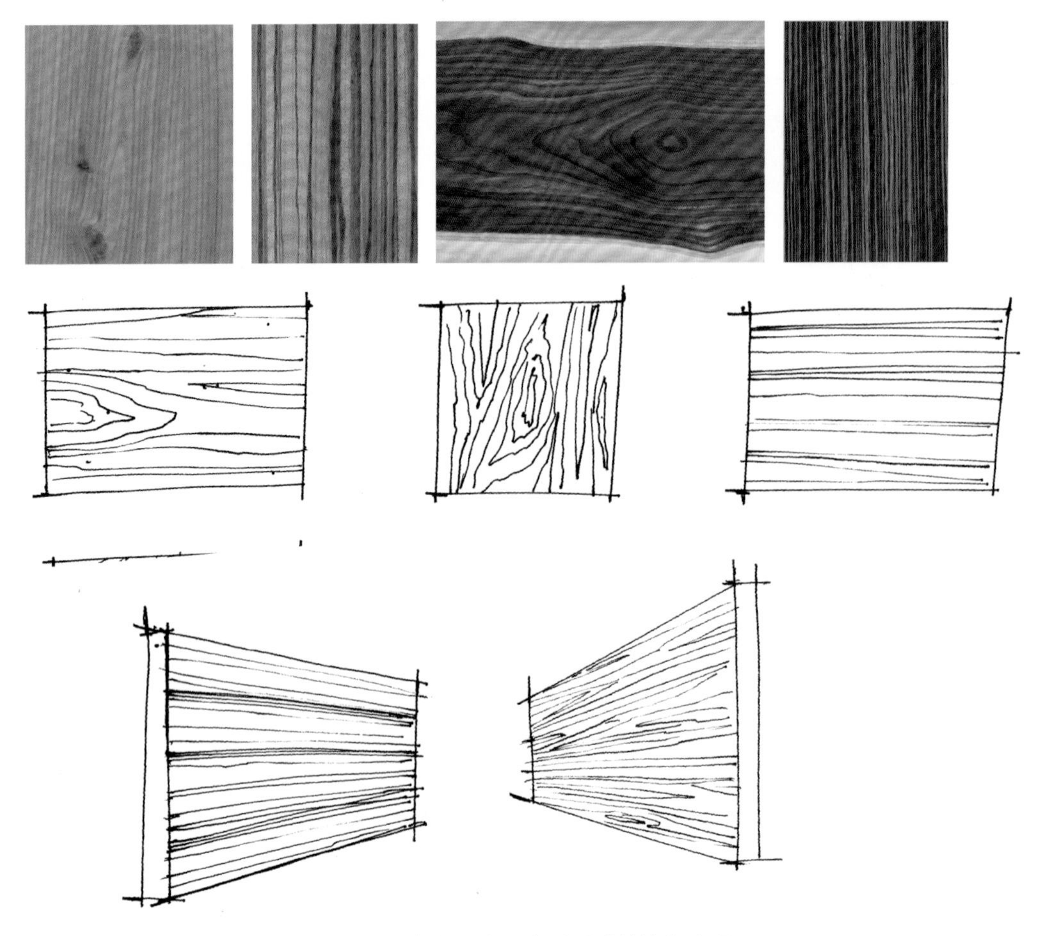

图 1-16　木材图片及木材质感的线条表现

图 1-17　藤艺图片及藤艺质感的线条表现

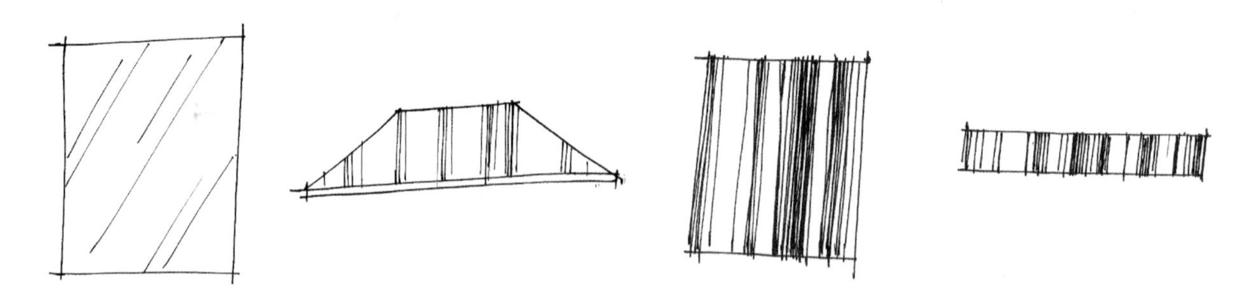

图 1-18　玻璃与不锈钢质感的线条表现

5. 织物质感的线条表现

织物质感的线条表现以曲线为主，要刚柔并济（地毯、毛毯、窗帘等），如图 1-19 所示。

图 1-19 织物质感的线条表现

作业练习

（1）在 4cm × 7cm 大小的方框内进行不同材质的线条练习。

（2）给图 1-20 所提供的立面进行材质质感的线条表现，材质及界面可自行尝试设计。

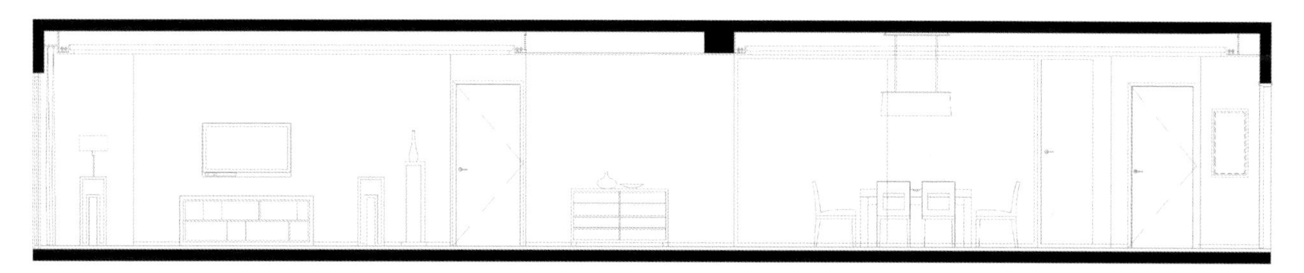

图 1-20 练习图 1

任务 4 学习线条与家具表现

1. 家具的基本尺寸

家具的绘制首先要解决的是尺寸、结构及透视，其次才体现在线条的表现上。图 1-21 提供了常用的家具基本尺寸。

2. 结构分析

通过结构分析把复杂的东西简单化，把这些复杂的家具概括成一个盒子的概念来进行表现，如图 1-22 所示。

3. 简单透视分析

1）一点透视

一点透视又叫平行透视，就是有一面与画面成平行的正方形或长方形物体的透视。

一点透视给人整体、平展、稳定、庄严的感觉，画时需掌握八字要领：横平竖直，一点消失。即所有横向的线都要与画面平行，所有竖向的线都要与画纸垂直成 90°，如图 1-23 所示。

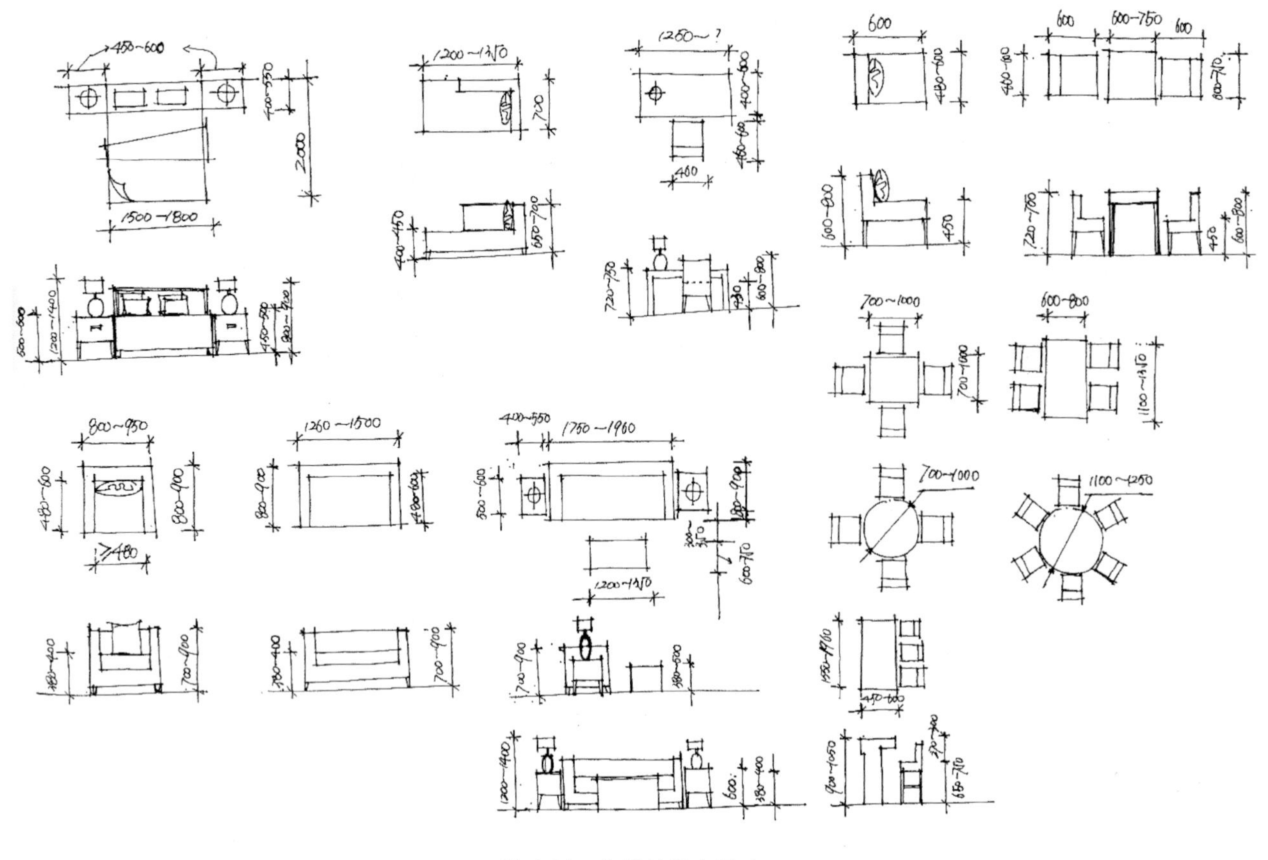

图 1-21　家具的基本尺寸

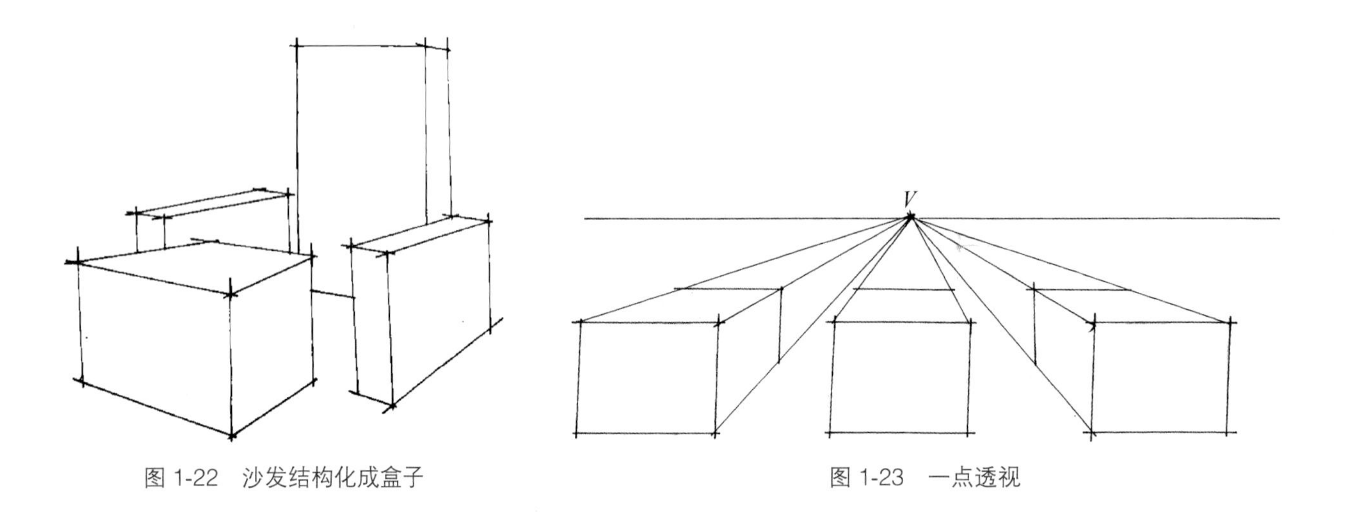

图 1-22　沙发结构化成盒子

图 1-23　一点透视

2）两点透视

两点透视又叫成角透视，就是任何一个面都不与平行的正方形或长方形的物体透视，而是形成一个夹角。这种透视构图变化较大，如图 1-24 所示。

4. 沙发的透视结构

在家具绘制过程中，除了要掌握家具的结构及尺寸外，还需要掌握家具基本的透视规律，图 1-25 和图 1-26 所示是一点透视和两点透视中沙发的透视结构体现。

5. 学习家具绘制

家具绘制时要注意的要点是从整体入手、简洁概括、生动，特别要注意它们之间的比例和透视关系、

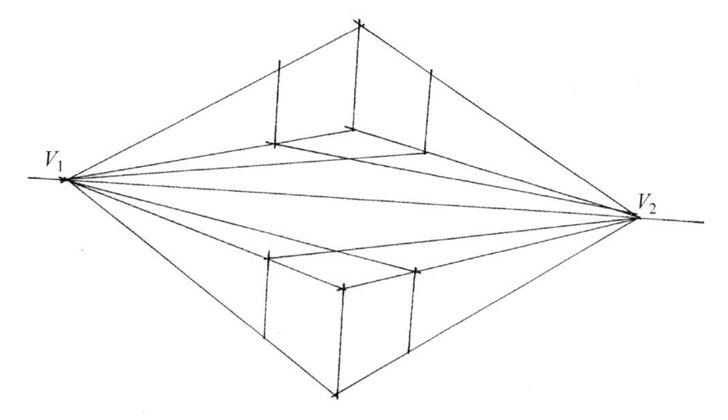

图 1-24　两点透视

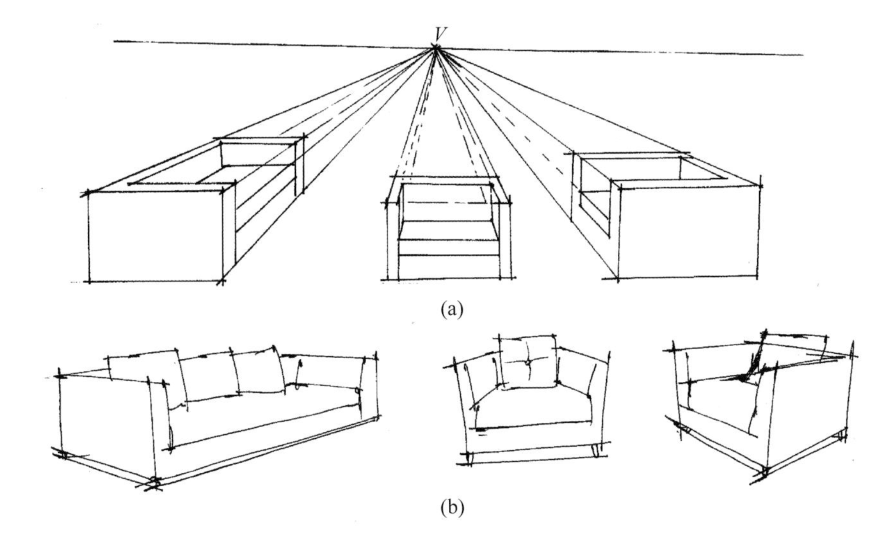

图 1-25　沙发的透视结构体现 1

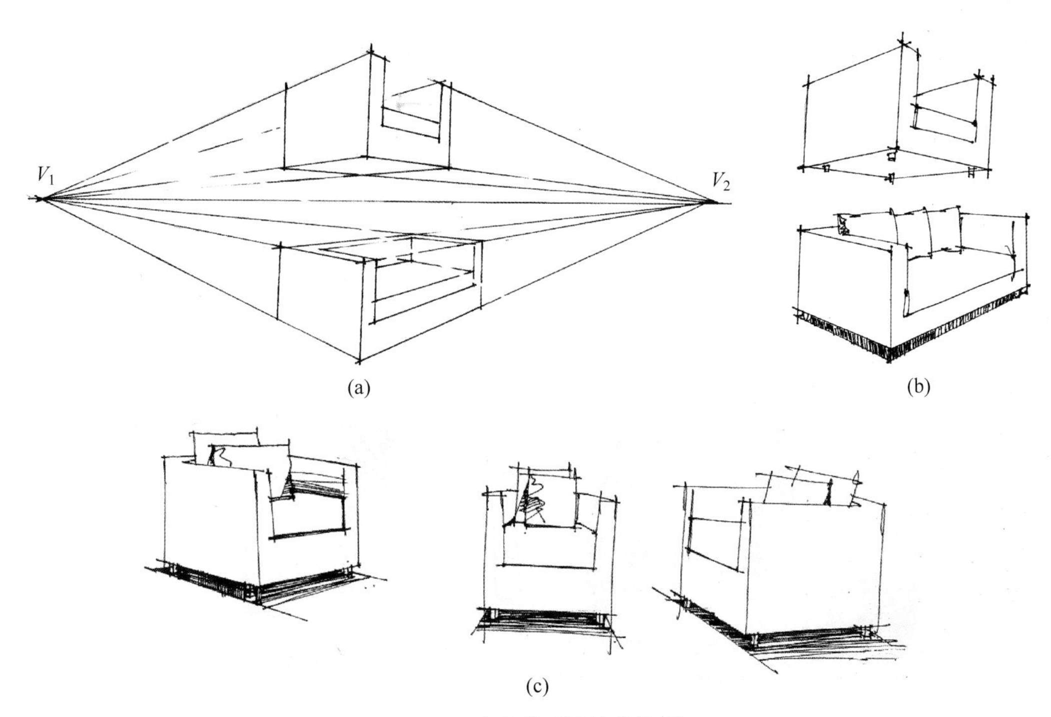

图 1-26　沙发的透视结构体现 2

虚实的处理，平时要多收集最近的款式、材料等，进行大量的临摹或写生，为以后的设计之路做好准备。家具绘制的例子如图 1-27~ 图 1-33 所示。

图 1-27　单体家具

图 1-28 组合家具

图 1-29　床的组合

图 1-30　沙发的绘制

图 1-31 茶几的绘制

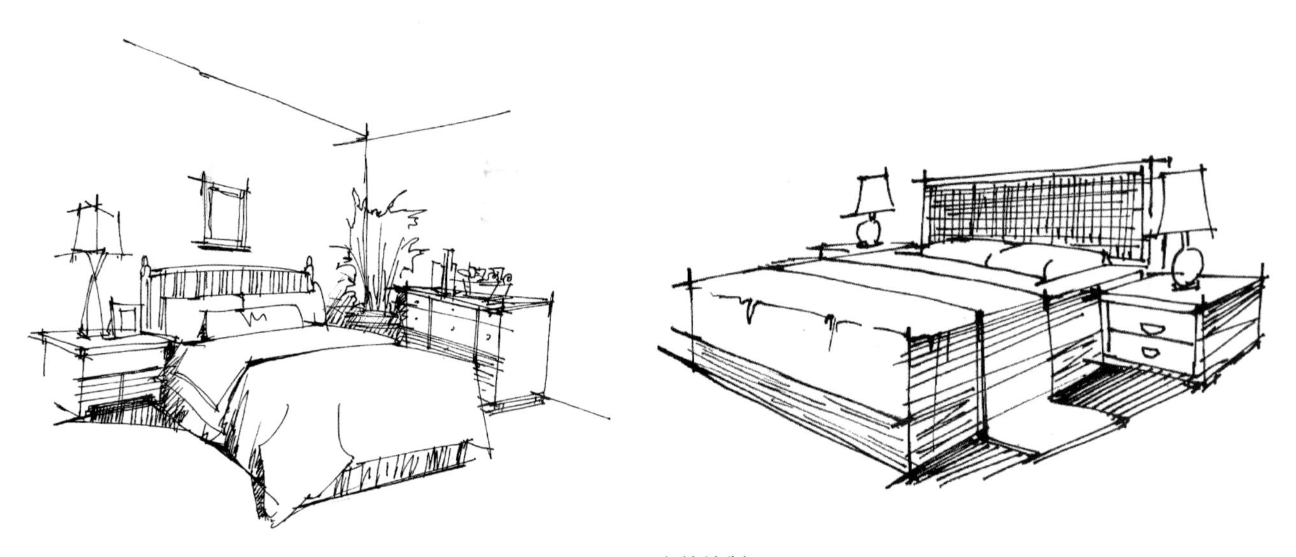

图 1-32 床的绘制

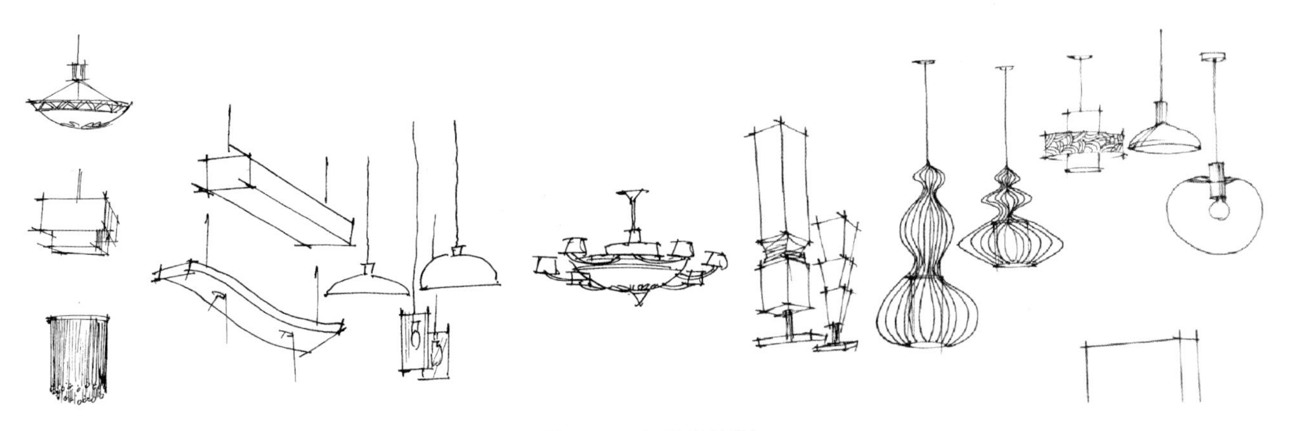

图 1-33 灯具的绘制

作业练习

（1）按照类别临摹家具造型。

（2）查找一些家具图片进行速写绘制，每天绘制不少于5幅，并养成学习习惯。

任务 5　学习线条与明暗表现

明暗是光感的基本呈现，一张好的室内空间手绘效果图一定是将光感处理得恰到好处（图 1-34）。在初步线稿阶段，明暗通过线条表现。线条的疏密排列能产生明暗调子，线条排列越密集，色调越浓，反之越浅。

图 1-34　绘画作品 1　作者：佚名

不同线条的排列所产生的色调效果也不尽相同，从而产生不同的表现风格，这与前面讲到的线条性格特征是一样的。值得注意的是，线条的深浅用笔也能产生不同的明暗层次，因此在进行空间光感表现时，要注意对线条深浅力度的把握，如图 1-35~ 图 1-37 所示。

图 1-35　绘画作品 2　作者：林振翔

图 1-36　绘画作品 3　作者：洪星

图 1-37　绘画作品 4　作者：连柏慧

下面是一些用线条表现空间层次及明暗的作品，作品中有优点，也有缺点，平时学习和练习时要多加注意。

图 1-38 所示作品有基本投影，缺少物体本身及整体明暗对比，效果层次欠缺丰富，但由于线条的深浅层次做得比较好，故空间透视感很不错。

图 1-39 所示作品有基本投影的同时，物体本身也有一定的空间表现，加上比较大胆压重暗部投影，故画面比较有层次。同时，线条的深浅处理增加了空间感。

图 1-38 绘画作品 5 作者：罗翠姿

图 1-39 绘画作品 6 作者：陈金莲

图 1-40 所示作品，其客厅部分的线条及明暗处理均比较好，遗憾的是后面餐厅部分没能作为灰面处理来加强空间的整体性，画得也过于细腻而略显生硬。

图 1-40　绘画作品 7　作者：李美缘

作业练习

根据图 1-41 所提供的空间手绘线稿效果图，运用线条进行光感处理。

图 1-41　练习图 2

模块 2

空间与透视

学习导语

透视是室内空间手绘效果图学习的基础。如何通过透视原理去绘制并表现空间效果是本模块学习的目的。本模块的学习内容由浅到深，环环相扣，因此其中的相关练习都应该一一绘制，以巩固知识点，从而在过渡到模块 3 时能够快速适应，真正意义上做到学有所成。

任务 1　学习一点透视

1. 了解透视和透视图

在日常生活中，我们看到的人和物的形象有远近、大小、长短、高低等不同，这是由于距离不同、方位不同在视觉中引起的反映不同，这种现象叫透视。这里所谈的透视图是一种绘画的术语，是数千年来中外画家、建筑师在实践中总结出来的一门绘画、制图技法。它是通过对景物的观察归纳出视觉空间的变化规律，用画笔准确地将三维空间的景物描绘在二维空间的平面上，使人产生空间的视觉印象，得到相对稳定的、立体的画面空间，如图 2-1 所示。

图 2-1　绘画作品 1　作者：赵睿

2. 学会透视的重要性及规律

室内空间透视图在方案中的重要性不言而喻，它是所有设计意图的结晶，其直观性使客户容易接受，图解性更易于作图者分析，易于对空间的设计进行引发和深化。因此，透视图怎样表现，表现什么样的内容，哪些空间所要表现的内容是重点，都是在开始绘制透视效果图前需要仔细思考的内容，如图 2-2 所示。

图 2-2　绘画作品 2　作者：佚名

在透视图中，有一点透视、两点透视和三点透视，这三种透视在具体绘制上都应遵循以下基本规律。

（1）要根据室内空间需要，选择最佳的透视角度和透视类型。一般常用的透视图为一点透视和两点透视，在画鸟瞰图或高大建筑物时才用三点透视。

（2）近大远小的规律。

（3）确定最佳的构图形式，并突出视觉表现中心。人的眼睛视围的可见度于 60° 以内最为自然，超过这个角度看到的物体就会变形。

（4）了解空间特定需求和客户要求，在具体表现时，空间色调需谨慎选择。

3. 基本术语

透视基本术语如下。

（1）视点——人眼睛所在的地方，标识为 *S*（图 2-3）。

（2）视平线——与人眼等高的一条水平线，标识为 *HL*（图 2-3）。

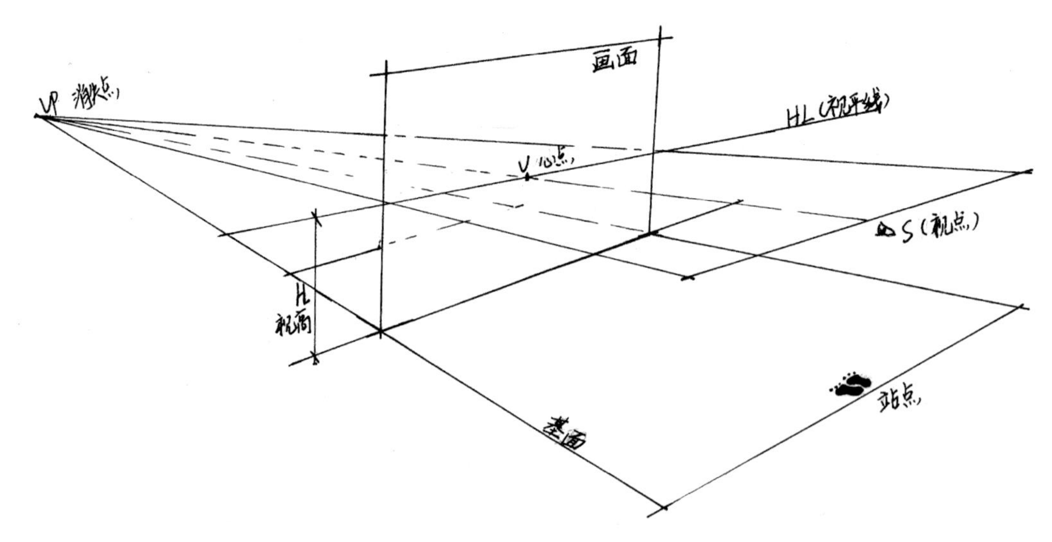

图 2-3 透视基本术语图形解释

（3）视高——从视平线到基面的垂直距离，标识为 *H*（图 2-3）。

（4）心点——视平线与画面的交点，标识为 *V*（图 2-3）。

（5）灭点——也称消失点，是不与画面平行的线向远处汇集在视平线上的点，标识为 *VP*（图 2-3）。

（6）测点——用来测量成角物体透视深度的点，标识为 *M*。

4. 一点透视画法

一点透视空间效果图画法可分成两种：一种是由里到外画法；另一种是由外到里画法。不同的是由里到外画法在 A3 图纸中要想取得合理的构图需要不断地推敲，因为初学者容易把画面构得太小或太满，而由外到里画法构图较容易控制和掌握。不管是哪一种画法，只要能掌握好，在绘制过程中都是可以相互切换的，选择自己容易把握的就好。下面我们就根据客厅平面布局图进行这两种画法的学习和比较。

1）由里到外画法

已知条件：①客厅空间为宽 4000mm、深 4000mm、高 2800mm；②视点 *S* 在 1600mm 处；③视高 900mm；④家具尺寸为沙发 2000mm × 800mm × 400mm、茶几 600mm × 960mm × 380mm、电视柜造型尺寸 500mm × 2000mm × 450mm、单人沙发 800mm × 800mm × 800mm、长凳 1200mm × 450mm × 400mm、边几 500mm × 500mm × 450mm。如图 2-4 所示。

求：从视点 *S* 观察所得的空间透视图。

画图步骤分解如下。

（1）画一个比例为 2800：4000 的矩形框 *ABCD*（高度大约在画纸的 1/3 处），在高度为 900mm 的位置画视平线 *HL*，根据视点 *S* 所提供的 2000mm 处往上延伸与视平线 *HL* 取得交点 *V*，分别连接 *ABCD* 四点并延长（视平线一般在 800~1200mm 的位置较为适合）。如图 2-5 所示。

（2）延长 *CD* 直线，以 *DF* 为基本单位向左延伸 4 个基本单位，在 *G* 点的位置确定 *M* 点的位置，*M* 点一般在 *G* 点附近即可，不宜偏离太远。如图 2-6 所示。

（3）分别连接 *Ma*、*Mb*、*Mc*、*Md* 延伸到 *VD* 反向延长线上分别相交于 *a′*、*b′*、*c′*、*d′*点，确定空间的 4000mm 径深，经过 *a′*、*b′*、*c′*、*d′*点画与视平线相平行的线，得出客厅径深，连接 *V*1、*V*2、*V*3 得到地面网格深度，此时的格子大小为 1000mm × 1000mm。地面网格与三墙线相交，从交点引垂线，按“横平竖直”规律完成三墙面网格。如图 2-7 所示。

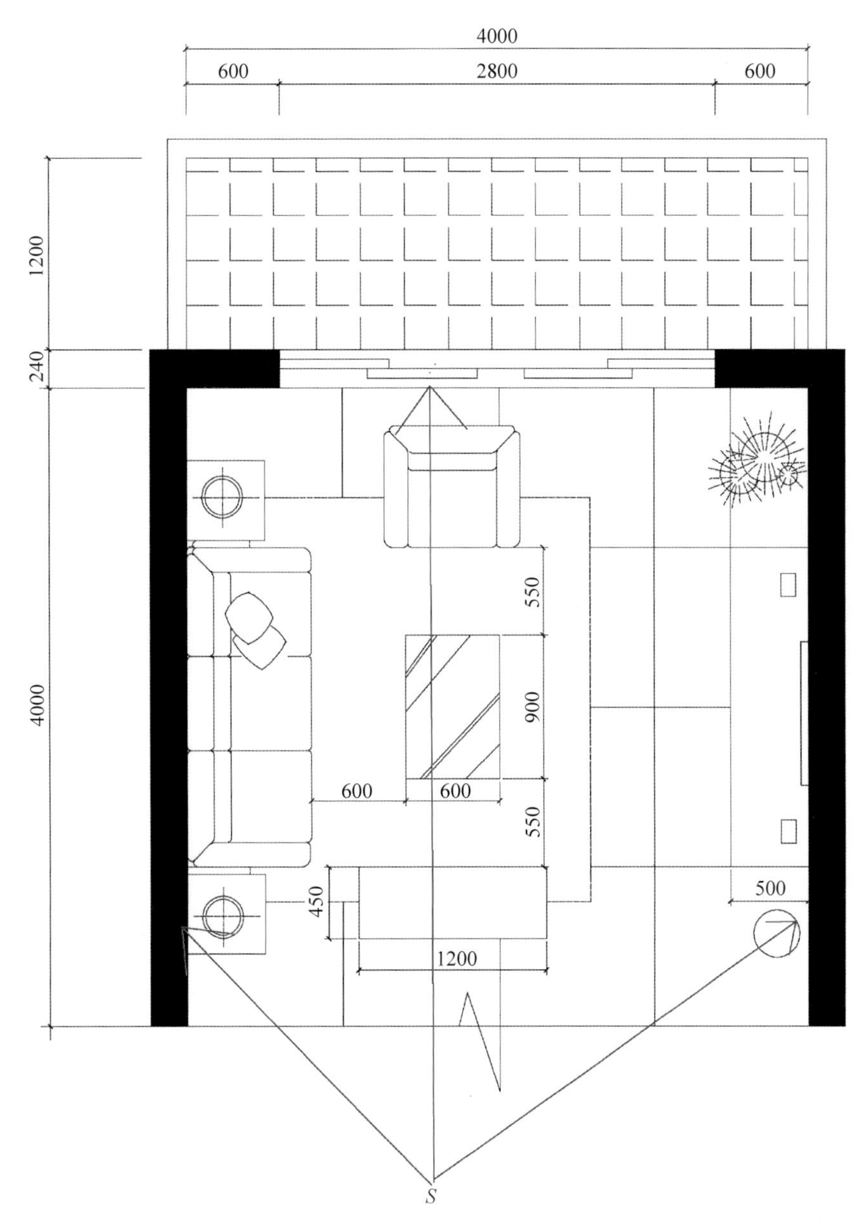

图 2-4 客厅布局图 1（一点透视）

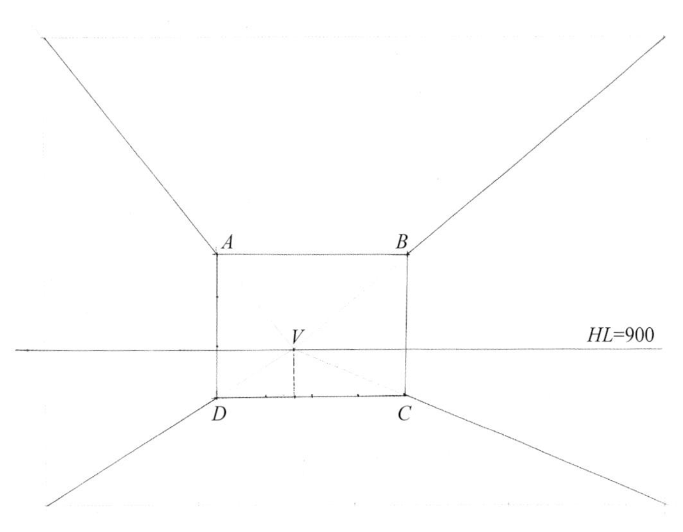

图 2-5 步骤 1（客厅布局由里到外画法）

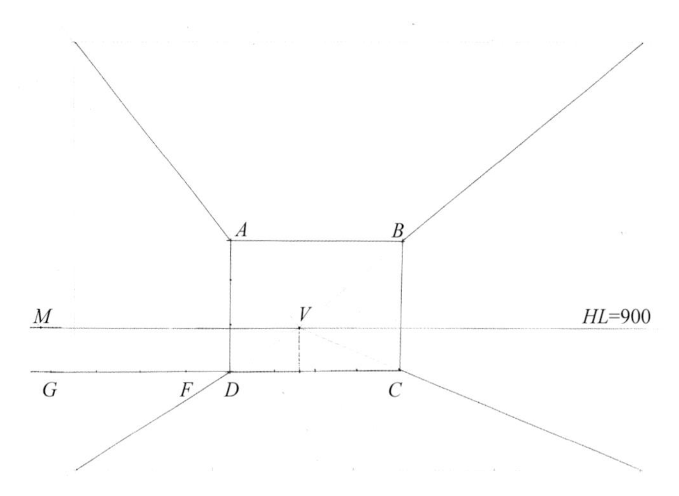

图 2-6　步骤 2（客厅布局由里到外画法）

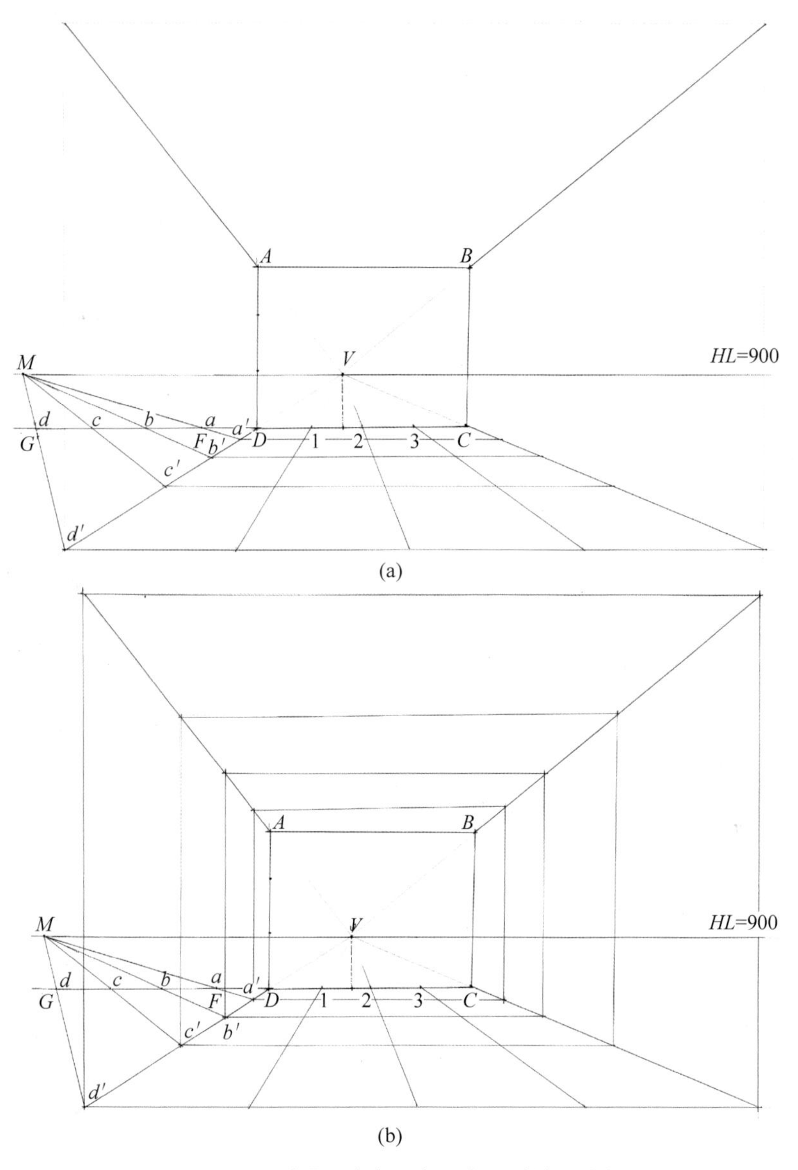

(a)

(b)

图 2-7　步骤 3（客厅布局由里到外画法）

（4）根据所给平面布局图，对照家具在平面网格中的位置，在地面相对应的网格画出家具底面透视。如图 2-8 所示。

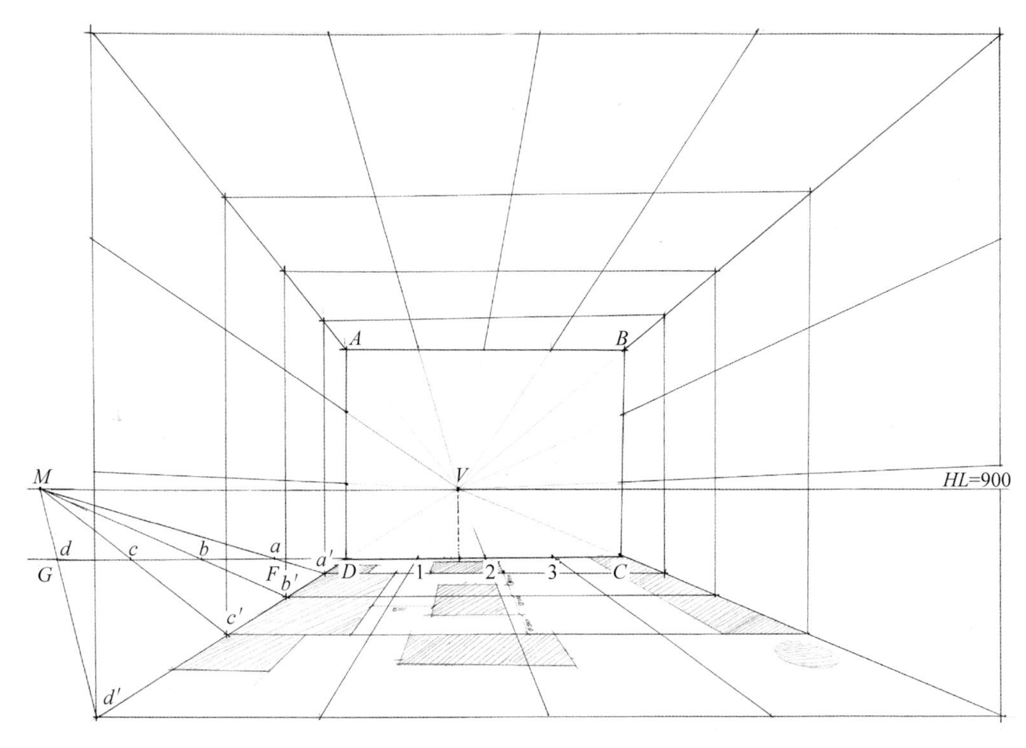

图 2-8　步骤 4（客厅布局由里到外画法）

（5）在地面四角引垂线，由左右墙透视网格取得家具透视高度，完成家具透视。先把家具概括为简单几何形体。如图 2-9 所示。

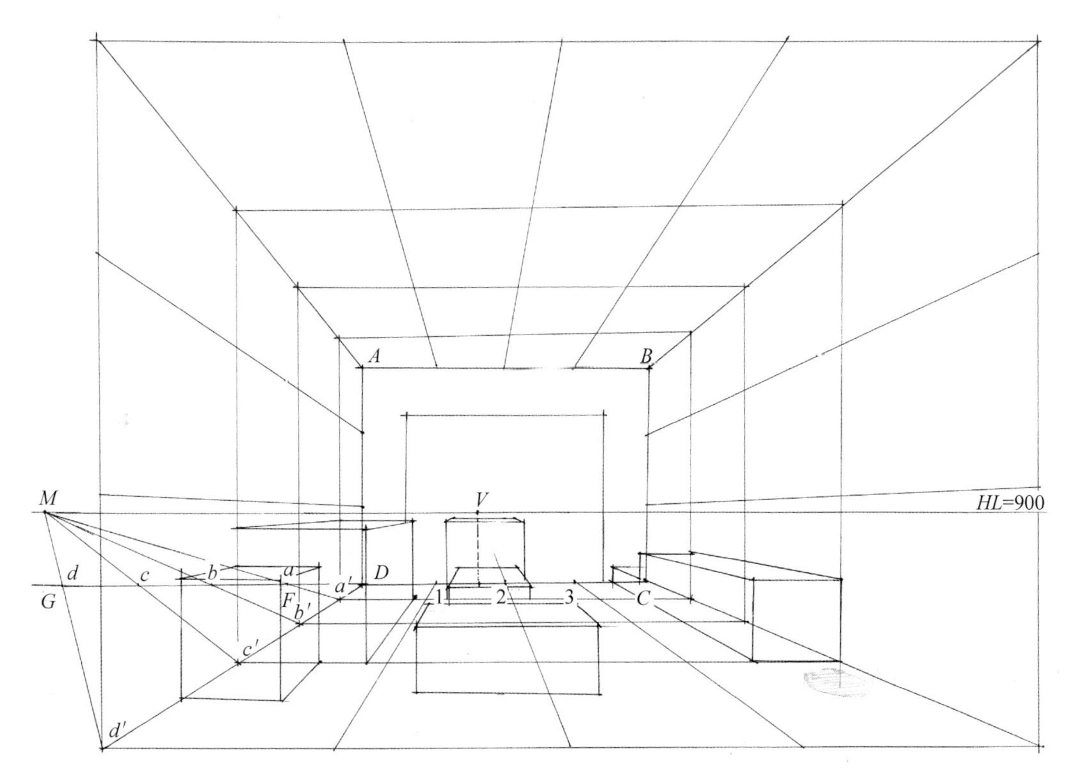

图 2-9　步骤 5（客厅布局由里到外画法）

（6）依据墙面网格及视平线，完成墙面的定位及造型。此时应注意掌握一个规律，除了横线、竖线，其他的线都是与 V 点连接的，即“一点消失”。如图 2-10 所示。

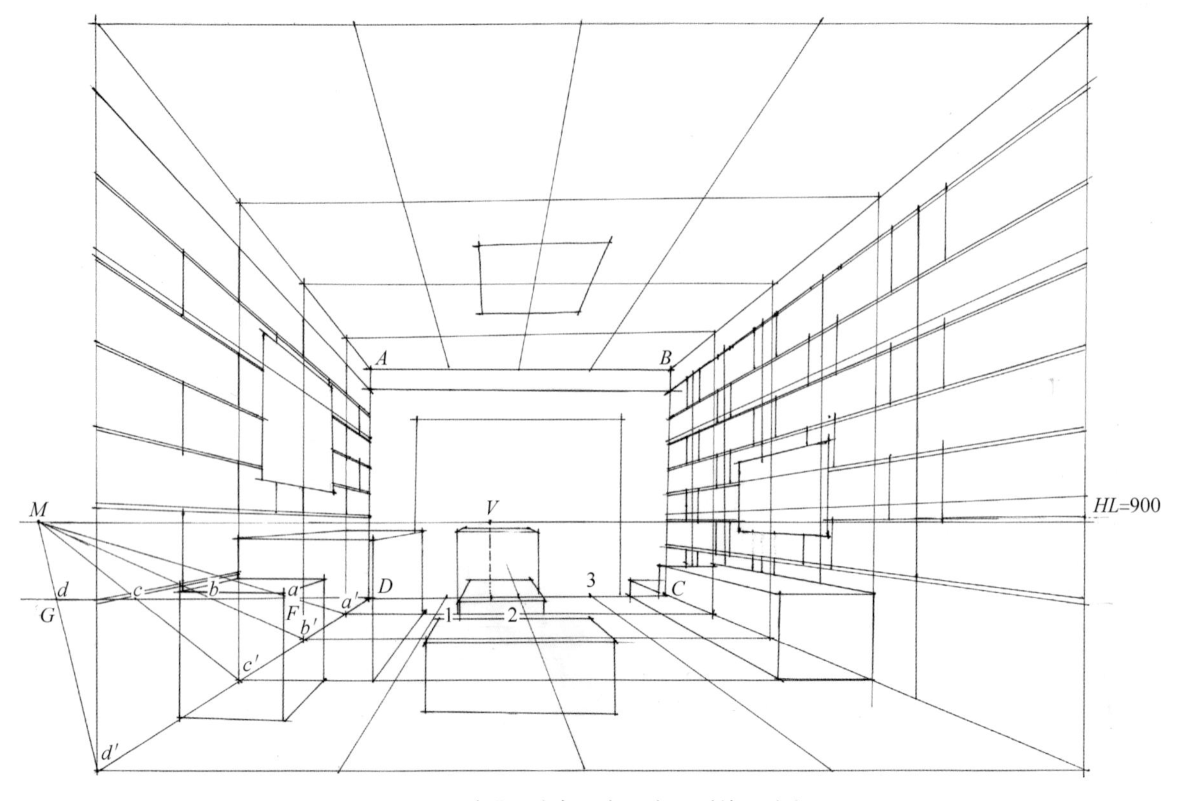

图 2-10　步骤 6（客厅布局由里到外画法）

（7）对家具部分进行修饰和调整，添加饰品或绿植，让空间丰富并灵动起来。此时应注意线条的粗细把握，这与室内制图中的用线要求是一致的。如图 2-11 所示。

图 2-11　步骤 7（客厅布局由里到外画法）

作图要点总结如下。

（1）确定画面大小位置，高度大约在画纸的 1/3 处（去除留边 15mm 后），若高宽比例较大（如高 3000mm、宽 6000mm），则在满足最大尺寸前提下再按同等比例确定高。如图 2-12 所示。

（2）确定视点位置（也是观察者所站位置）和视高位置，以重点表现的界面空间和视觉效果图来定。如要看电视背景墙面多些，视点就应该向沙发背景墙靠近；俯视，则视高定高，仰视，则视点定低。一般家装空间效果图视高可定在 600~900mm，这样视觉效果会比较好。如图 2-13~ 图 2-15 所示。

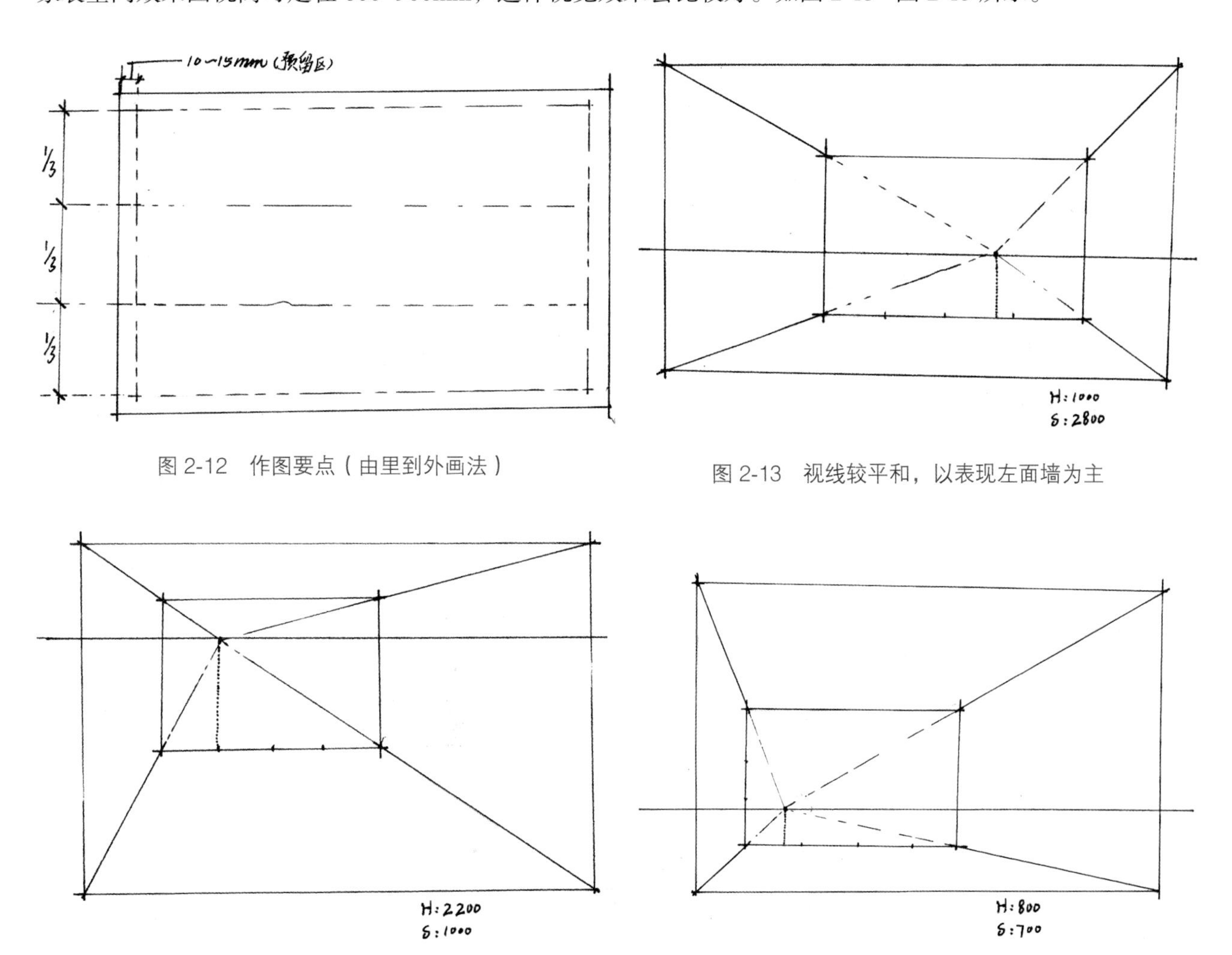

图 2-12　作图要点（由里到外画法）

图 2-13　视线较平和，以表现左面墙为主

图 2-14　空间俯视，右面墙为主要表现界面

图 2-15　略带仰视，右面墙为主要表现界面

（3）找合适测点，测点 *M* 的定位直接影响空间的径深感，如图 2-16~ 图 2-18 所示。

2）由外到里画法

已知条件：①客厅空间为宽 4000mm、深 4000mm、高 2800mm；②视点 *S* 在 3000mm 处；③视高 800mm；④家具尺寸为沙发 2000mm × 800mm × 400mm、茶几 600mm × 960mm × 380mm、电视柜造型尺寸 500mm × 2000mm × 450mm、单人沙发 800mm × 800mm × 800mm、长凳 1200mm × 450mm × 400mm、边几 500mm × 500mm × 450mm。如图 2-19 所示。

求：从视点 *S* 观察所得的空间透视图。

画图步骤分解如下。

（1）画一个比例为 2800∶4000 的矩形框 *ABCD*，上下左右离纸边缘预留 15~20mm，在高度为 800mm 的位置画视平线 *HL*，根据视点 *S* 所提供的 2500mm 处往上延伸与视平线 *HL* 取得交点 *V*，分别连接 *ABCD*

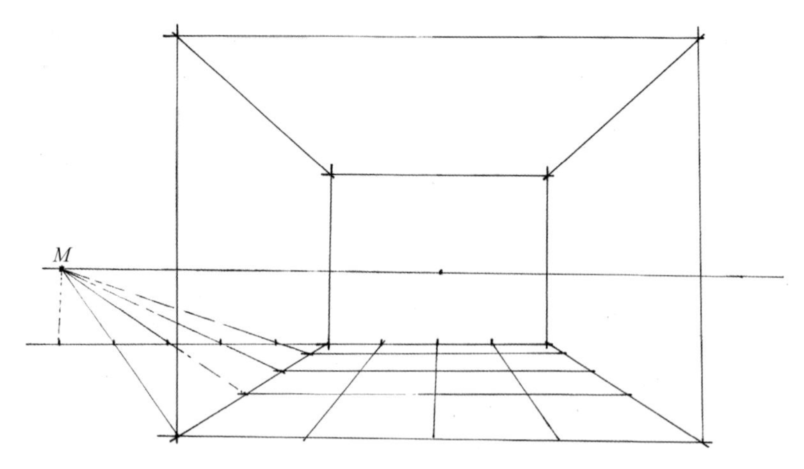

图 2-16　测点为 5000mm 的透视效果，空间偏小，物体画时容易挤在一起

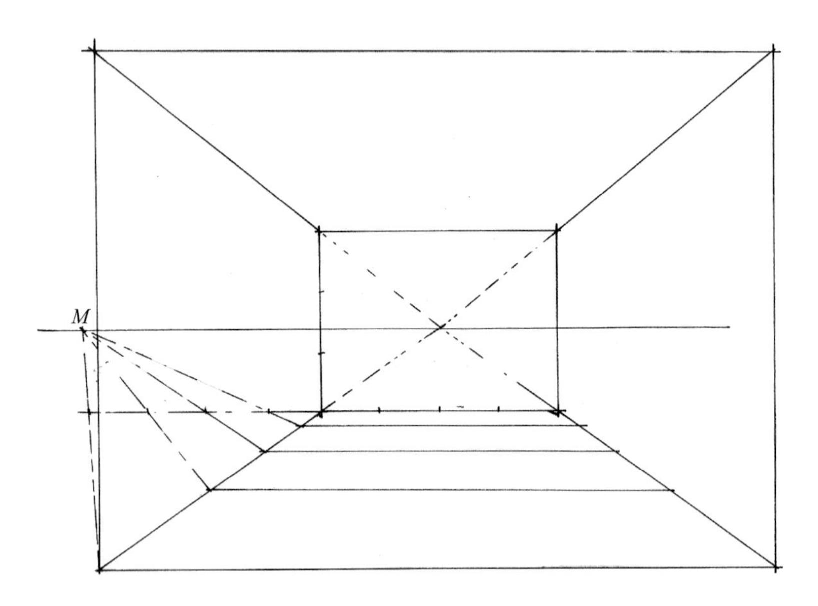

图 2-17　测点为 4100mm 的透视效果，空间适中，物体较真实地按比例体现

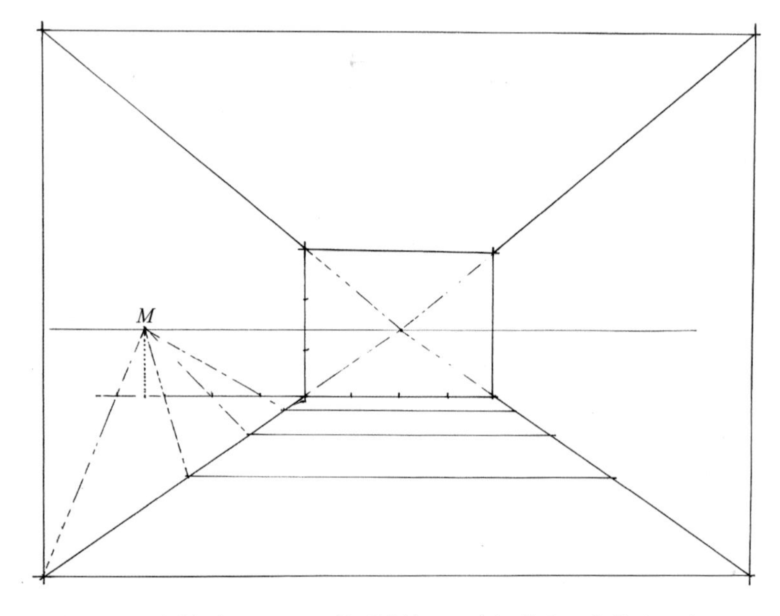

图 2-18　测点为 3400mm 的透视效果，空间偏大，物体容易变形

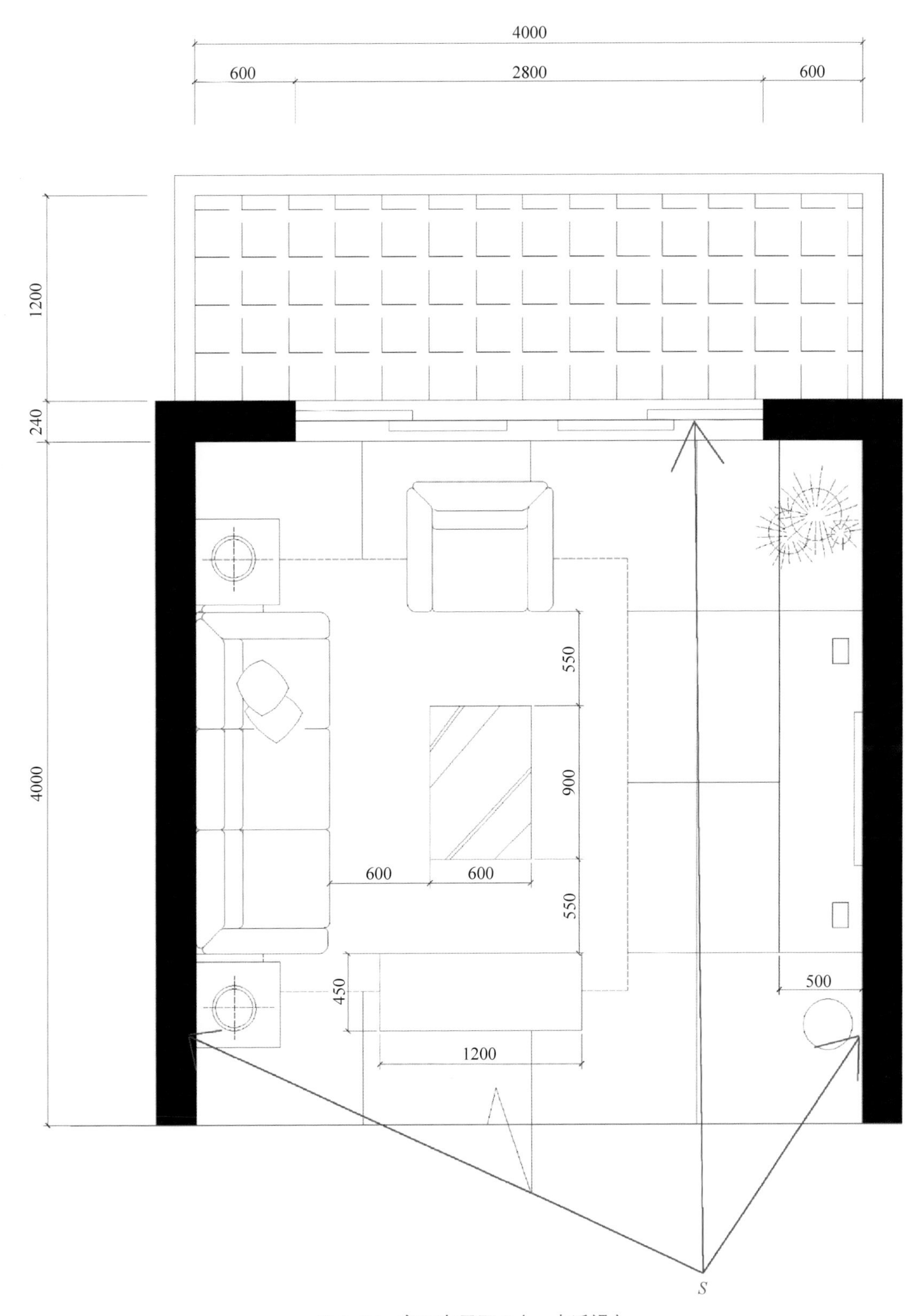

图 2-19　客厅布局图 2（一点透视）

四点，如图 2-20 所示。

（2）求内框大小。将 *BC*（2800mm）线段进行两个 1000mm、一个 800mm 的分割，求得外框 1000mm 线段长度，再将此线进行 1000mm 等分求得内框 1000mm 线段长度，由此可以求得内框的 800mm 线段长度，此长度即 *VS′* 视平线的高度（图 2-21（a）、（b））。经过 *S′* 点画线分别交于 *VA*、*VB*、*VC*、*VD* 线段上，分别交于 *A′*、*B′*、*C′*、*D′* 点，连线求得内框大小（图 2-21（c））。

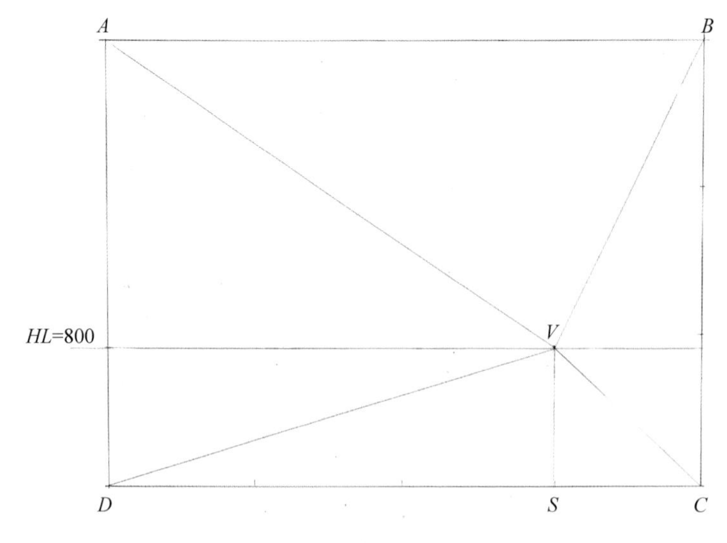

图 2-20　步骤 1（客厅布局由外到里画法）

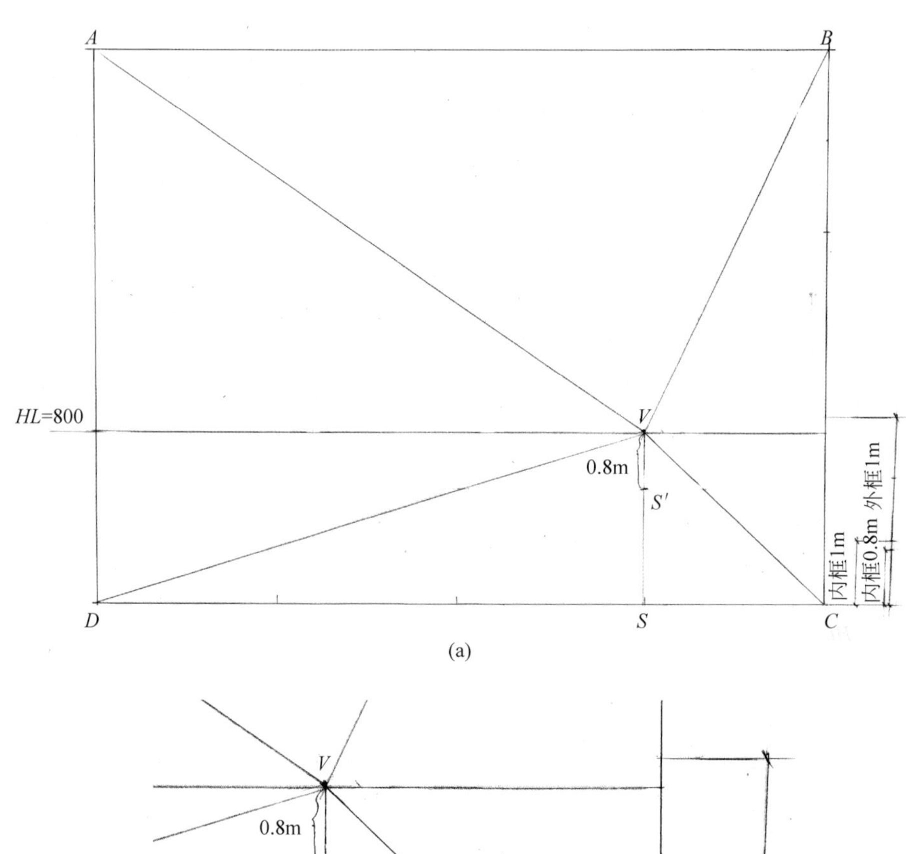

(a)

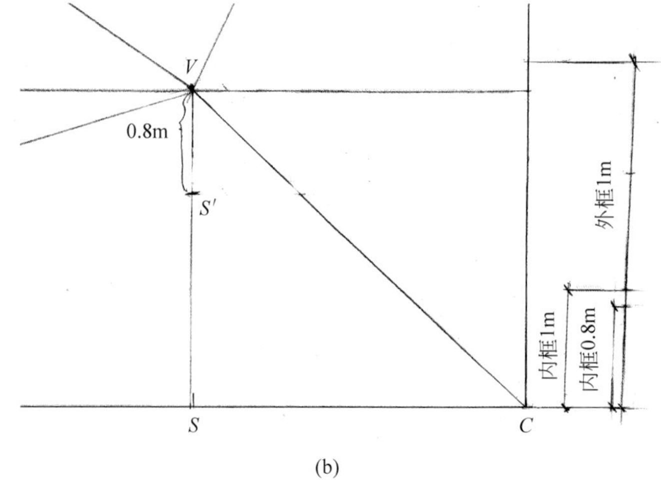

(b)

图 2-21　步骤 2（客厅布局由外到里画法）

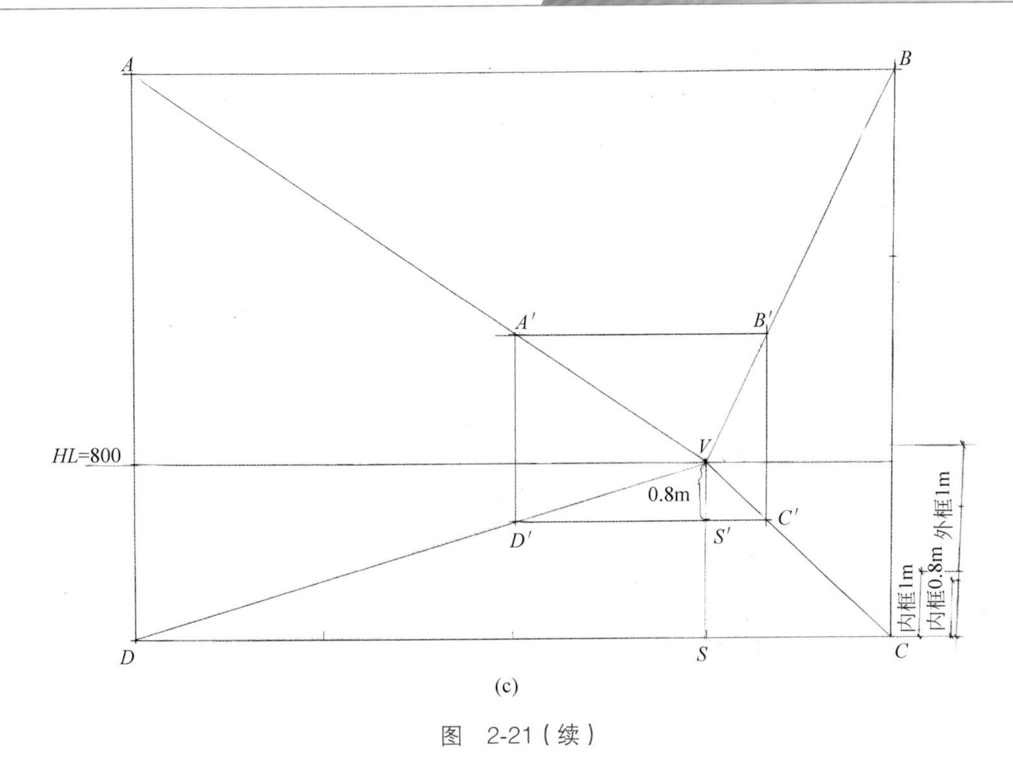

(c)

图 2-21（续）

（3）通过距点原理，连接 *CD′* 对角线并延长至视平线相交于测点 *M*，并连接测点 *M* 与外框各点，与线段 *DD′* 相交得 *a*、*b*、*c* 交点，求得 4000mm 径深。如图 2-22 所示。

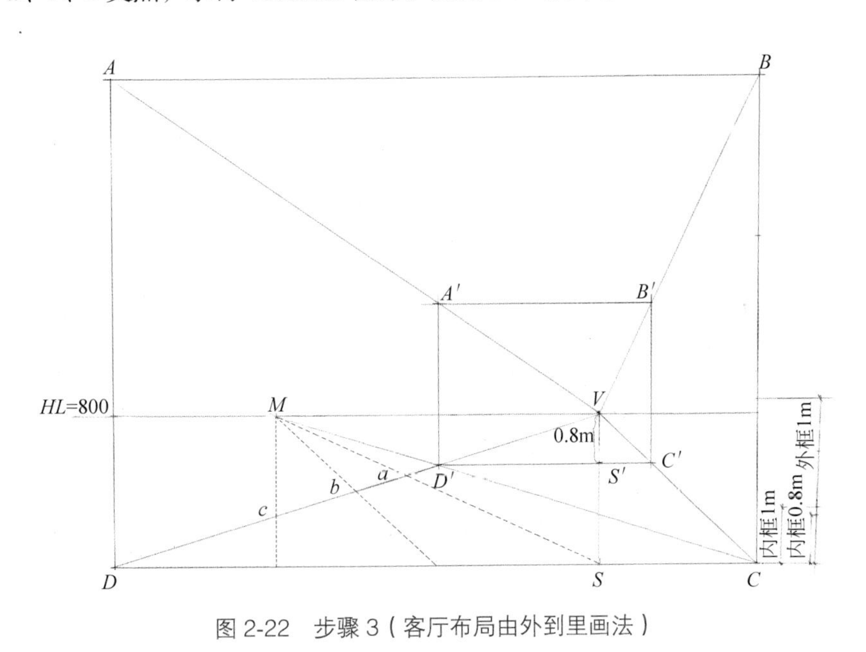

图 2-22 步骤 3（客厅布局由外到里画法）

（4）分别经过 *a*、*b*、*c* 各点画与地面的平行线，连接 *V*1、*V*2、*V*3 画出地面透视网格线，此时每个格子的大小均为 1000mm × 1000mm，如图 2-23 所示。

（5）完成地面、墙面及天花的透视网格线，如图 2-24 所示。

（6）根据平面布局图，对照家具在平面网格中的位置，在地面相对应的网格画出家具底面透视，如图 2-25 所示。

（7）在地面四角引垂线，由左右墙透视网格取得家具透视高度，完成家具透视。先把家具概括为简单几何形体，然后完成墙面的定位及造型，如图 2-26 所示。

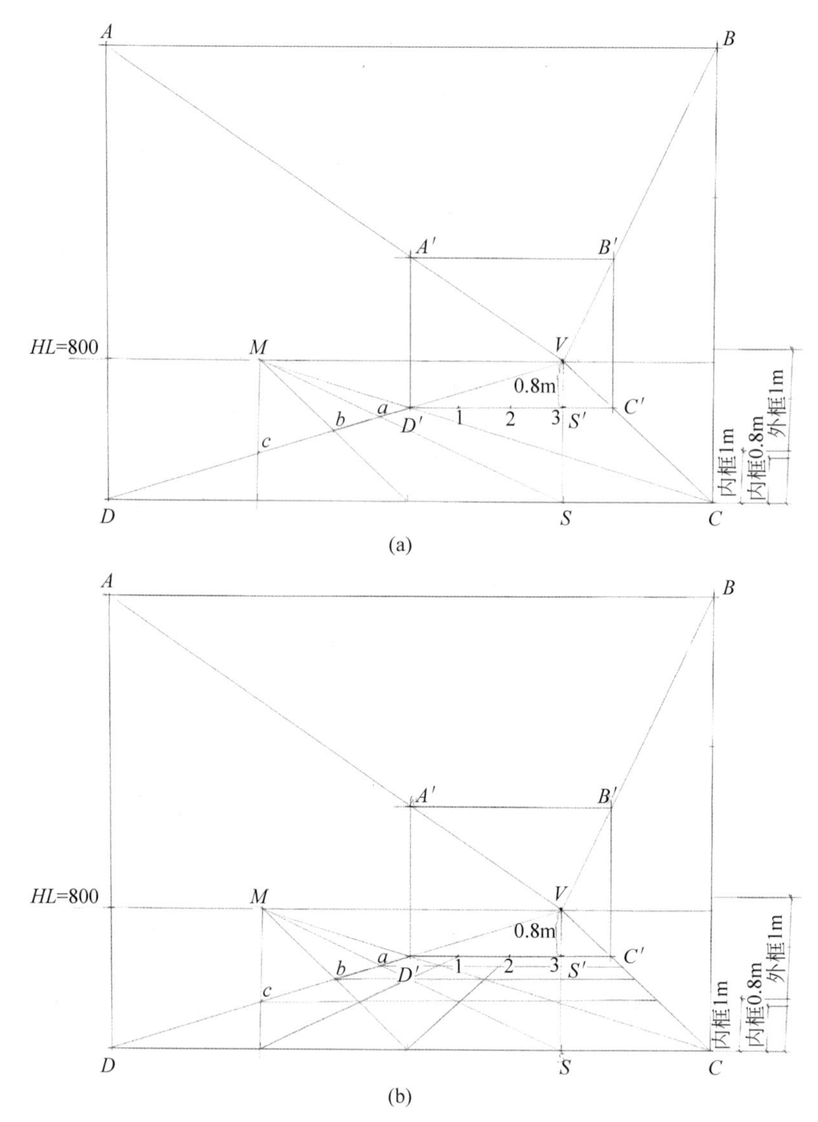

图 2-23 步骤 4（客厅布局由外到里画法）

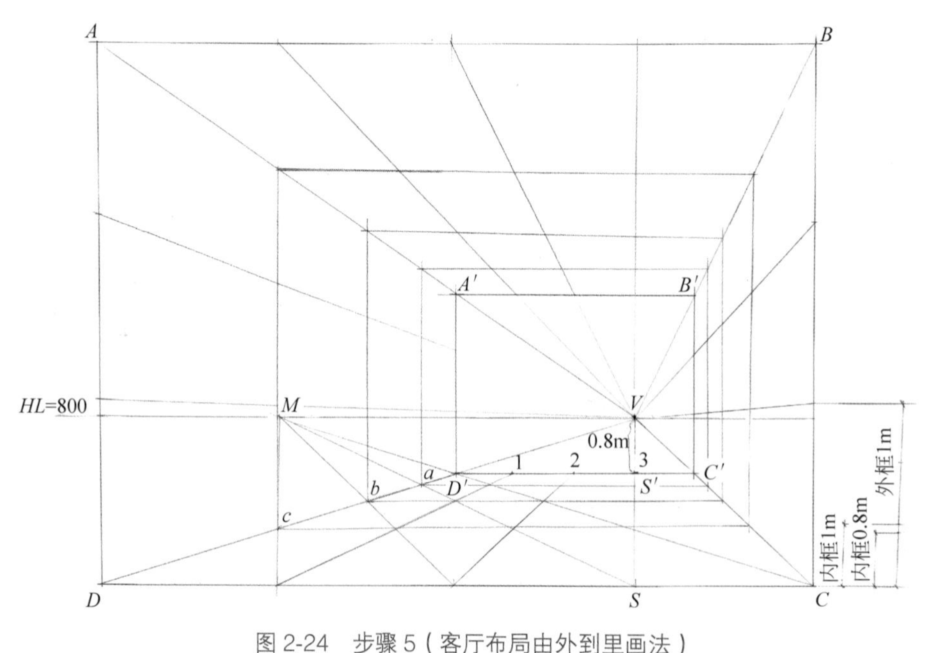

图 2-24 步骤 5（客厅布局由外到里画法）

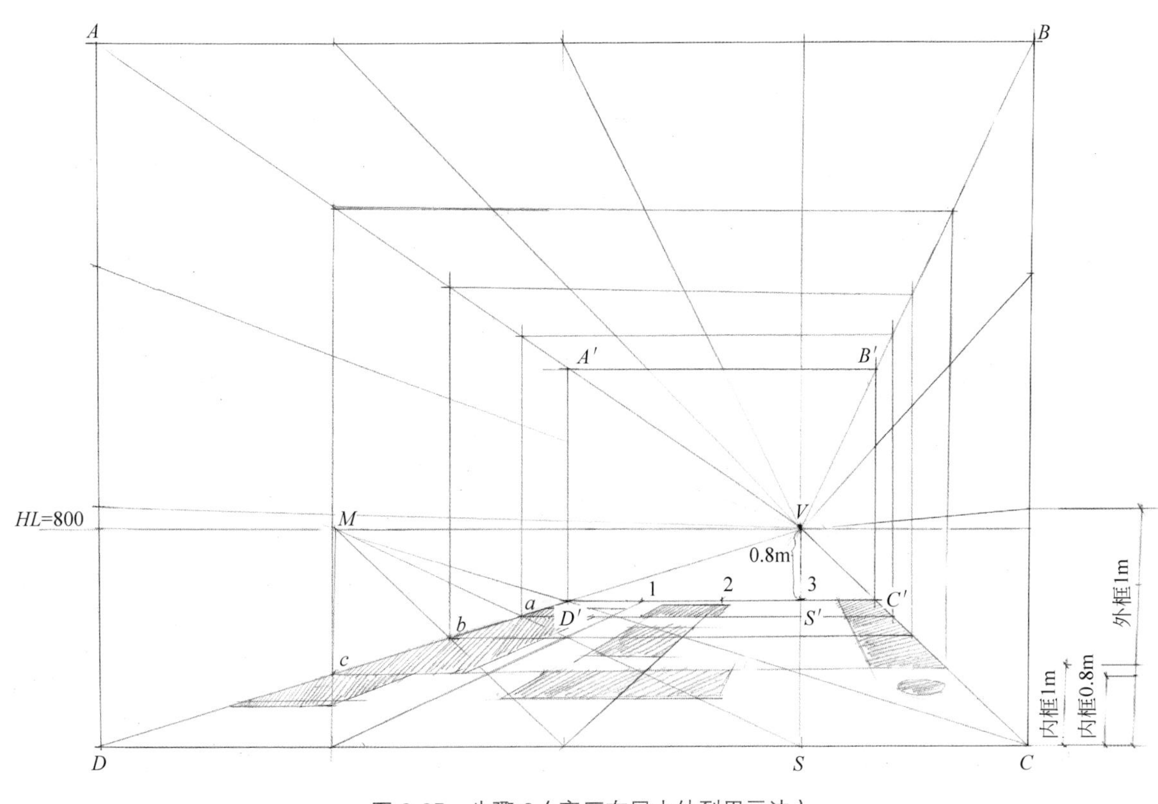

图 2-25　步骤 6（客厅布局由外到里画法）

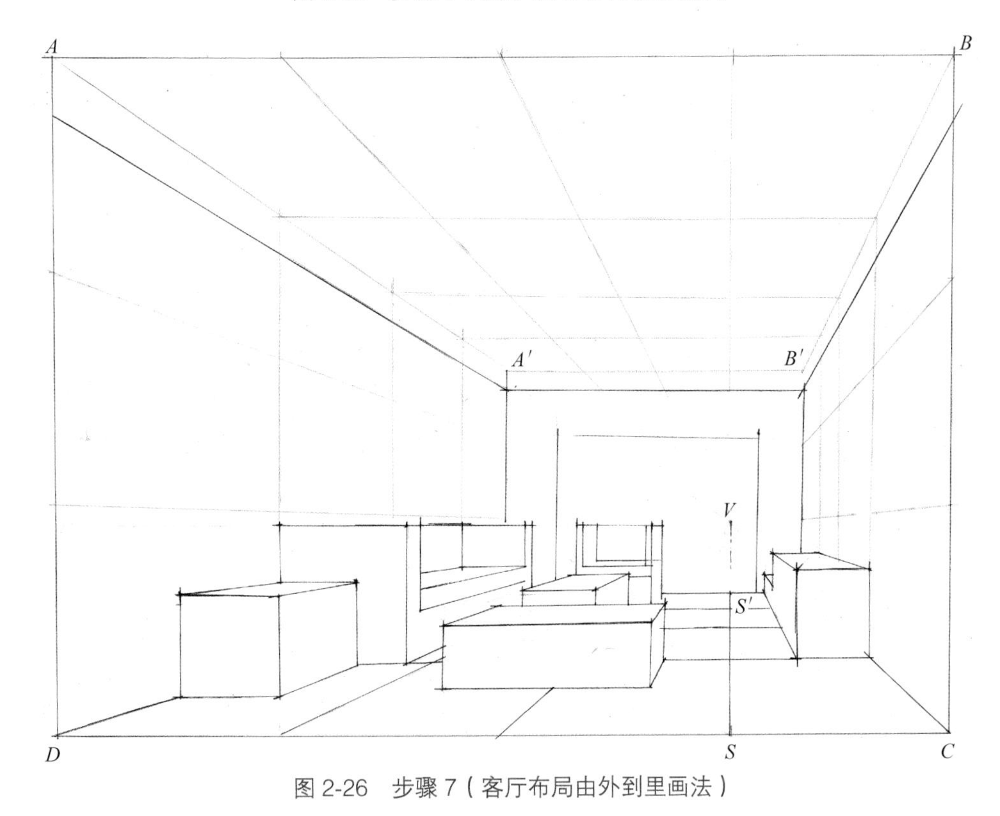

图 2-26　步骤 7（客厅布局由外到里画法）

注意：依据墙面网格及视高线完成墙面的定位及造型。此时应注意掌握一个规律，除了横线、竖线外，其他的线都是与 V 点连接的，即“一点消失”。

（8）对家具部分进行修饰和调整，添加饰品或绿植，让空间丰富并灵动起来。此时应注意线条的粗细把握，这与室内制图中的用线要求是一致的，如图 2-27 所示。

图 2-27　步骤 8（客厅布局由外到里画法）

5. 在透视图中进行等距或非等距分割的方法

作画过程中，经常会遇到一个界面进行等距分割（如软包绘制），如果按照透视进行计算分割，就比较耗费时间，下面介绍一种快速对界面进行分割的对角线分割法。

将界面进行三等分：可根据界面墙高进行三等分之后进行对角线连线即可得到等分点，如图 2-28 所示。

将界面进行四等分及六等分：可将界面墙高三等分或五等分之后进行向上或向下延伸一个单位再进行对角连线即可得到等分点，如图 2-29 所示。

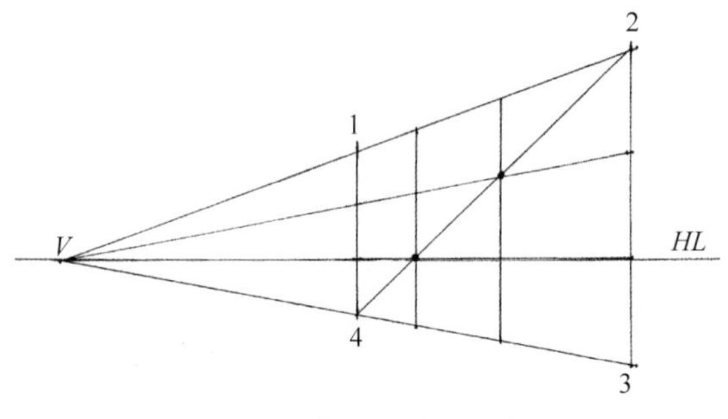

图 2-28　将界面进行三等分

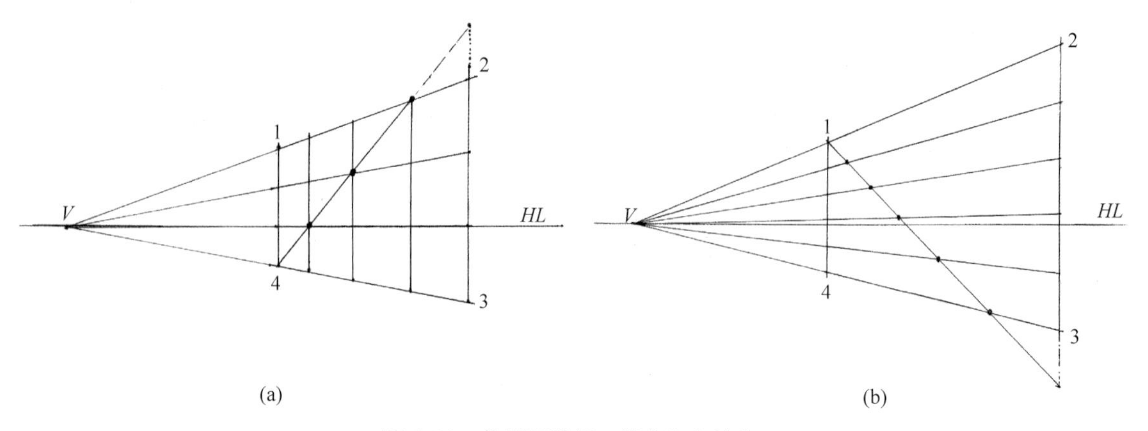

图 2-29　将界面进行四等分和六等分

将界面进行五等分：可根据界面墙高进行五等分之后进行对角线连线即可得到等分点，如图 2-30 所示。

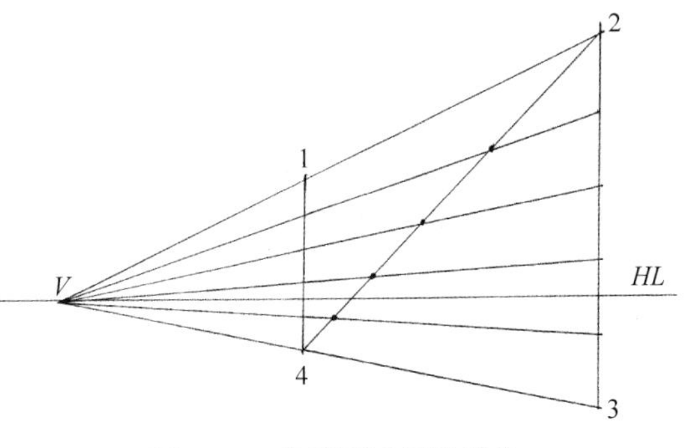

图 2-30　将界面进行五等分

作业练习

已知条件：①卧室空间为 4000mm×4000mm，高 2800mm；②视点 S 在居中 2700mm 处，视高 1600mm。卧室布局如图 2-31 所示。求：从视点 S 观察所得的空间透视图。

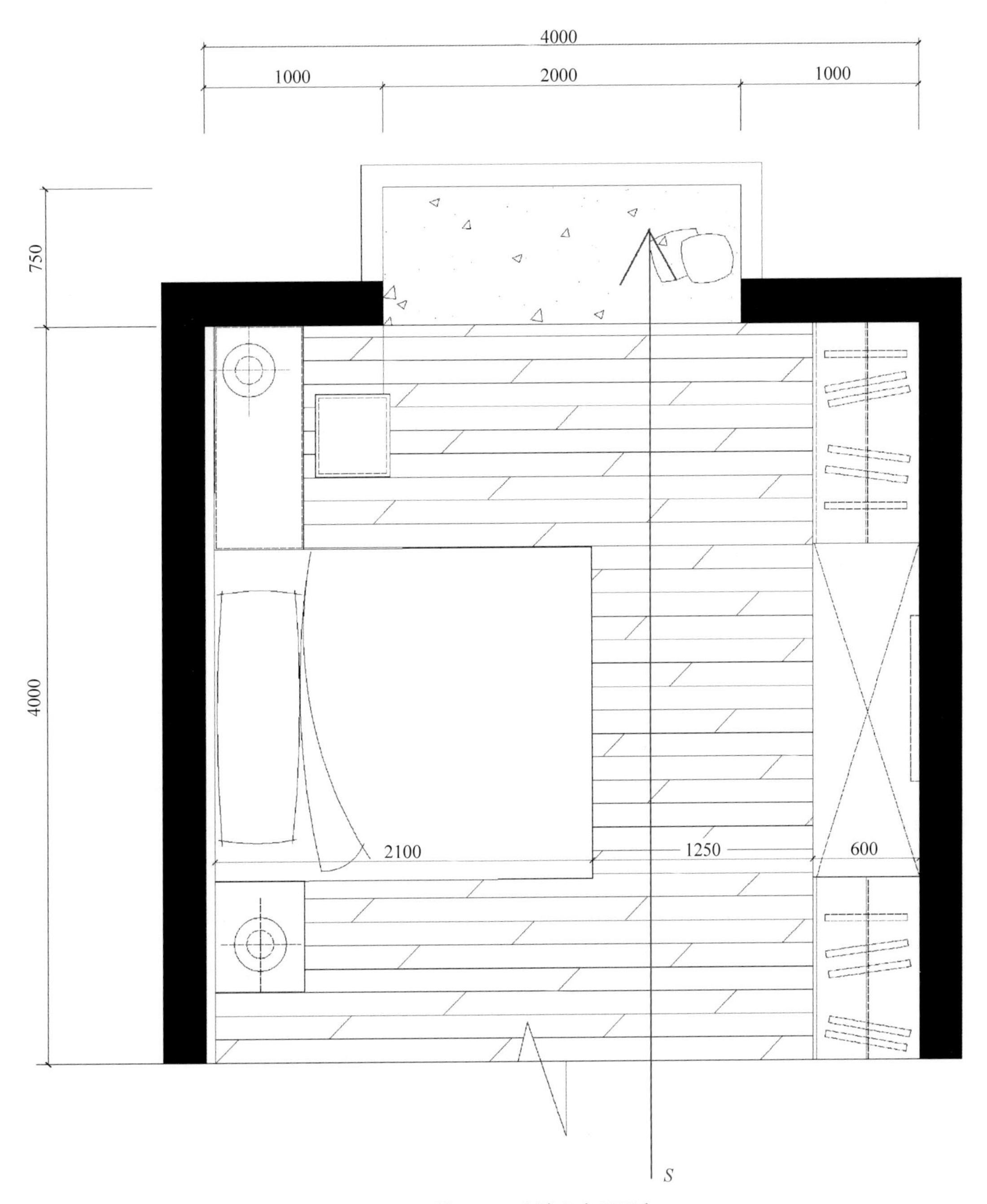

图 2-31　练习图 1（卧室布局图）

任务 2　学习两点透视

1. 两点透视

两点透视又叫成角透视，就是任何一个面都不与平行的正方形或长方形的物体透视，而是形成一个夹角，这种透视构图变化较大，如图 2-32 所示。

图 2-32　两点透视

2. 两点透视空间效果图画法

已知条件：①客厅空间为宽 4000mm、深 4000mm、高 2800mm；②视点在空间对角处；③视高 1200mm；④家具尺寸为沙发 2000mm × 800mm × 400mm、茶几 600mm × 960mm × 380mm、电视柜造型尺寸 500mm × 2000mm × 450mm、单人沙发 800mm × 800mm × 800mm、长凳 1200mm × 450mm × 400mm、边几 500mm × 500mm × 450mm。如图 2-33 所示。

求：从视点观察所得的空间透视图。

画图步骤分解如下。

（1）在 A3 纸中按照比例画出 2800mm 的墙角线 AB，在 AB 线上确定 1200mm 的视高，并将两边墙面展开作为基线，按比例画出相应米数线，如图 2-34 所示。

（2）在视平线 HL 上确定两个消失点 VP_1、VP_2（此消失点与测点 M 之间的定位关系详见本任务的作图要点总结），如图 2-35 所示。

（3）消失点 VP_1、VP_2 分别向各自相反方向点连线。以 VP_1 与 VP_2 之间的长度为直径画圆，交于 AB 的延伸线于点 S（即站点位），然后分别以 VP_1 和 VP_2 为圆心，以 VP_1S、VP_2S 为半径画圆，分别与视平线 HL 相交于 M_1、M_2 点。如图 2-36 所示。

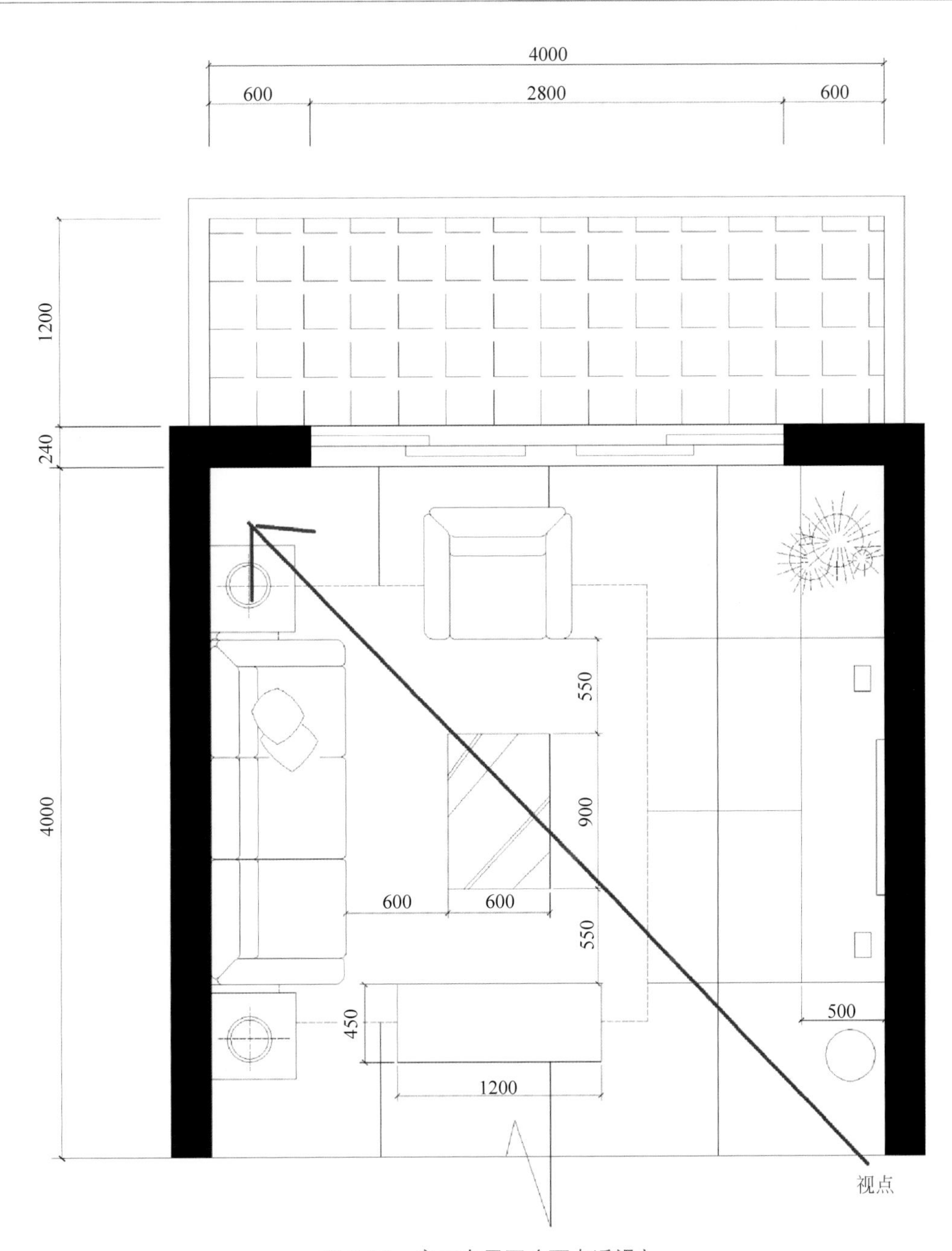

图 2-33　客厅布局图（两点透视）

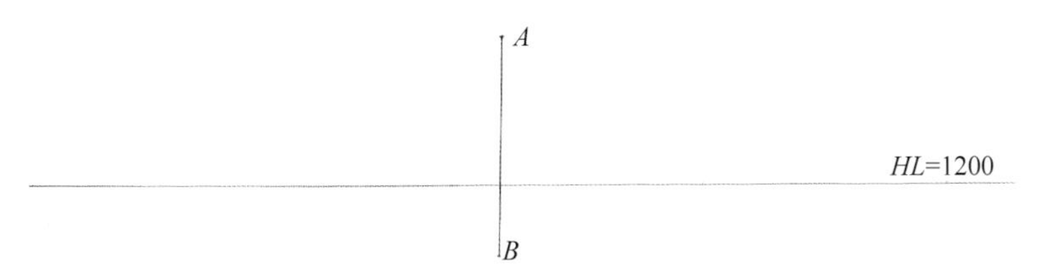

图 2-34　步骤 1（客厅布局两点透视）

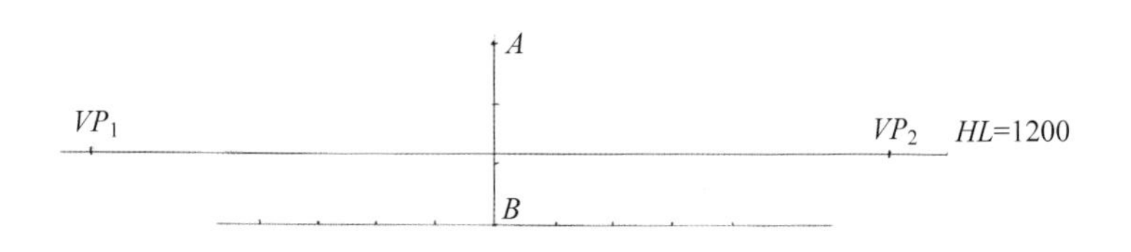

图 2-35　步骤 2（客厅布局两点透视）

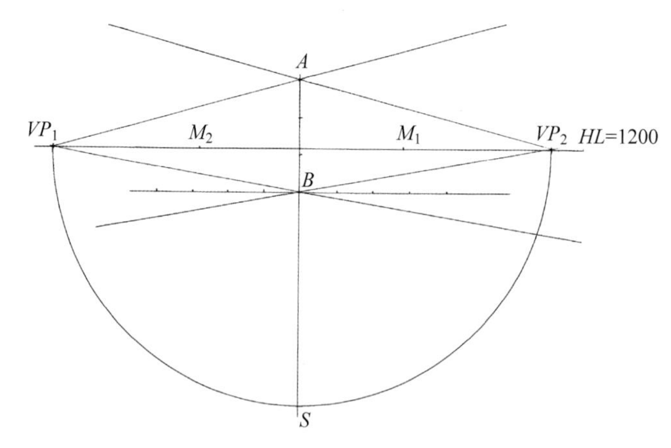

图 2-36 步骤 3（客厅布局两点透视）

（4）将 M_1、M_2 分别通过墙面展开基线的相应米数连接并延长至 VP_1B、VP_2B 的延伸线上，得出 1、2、3、4 点，这 4 个点即为 4m 径深点。如图 2-37 所示。

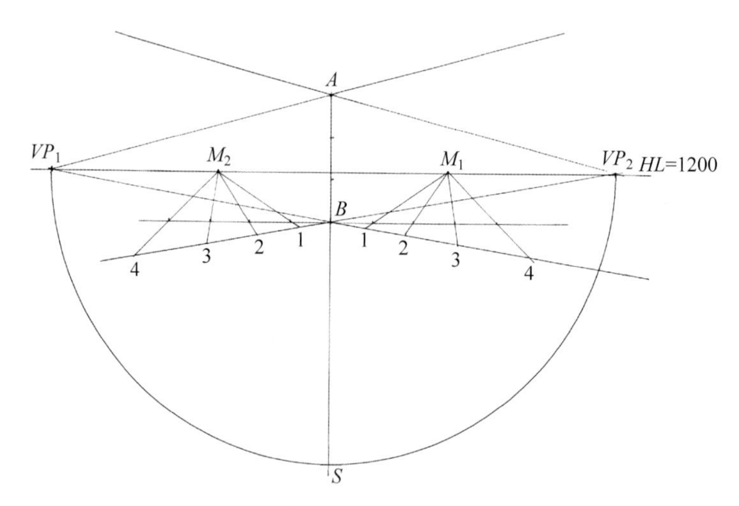

图 2-37 步骤 4（客厅布局两点透视）

（5）通过这些点分别向左右两侧的消失点连线，得出该客厅的透视网格，且每格均为 1000mm × 1000mm。如图 2-38 所示。

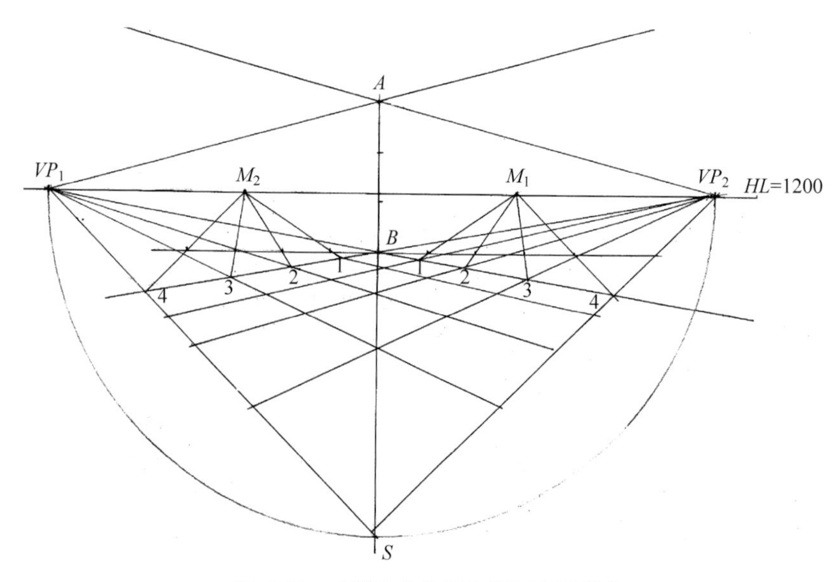

图 2-38 步骤 5（客厅布局两点透视）

（6）以竖线与画面垂直，斜线与各自相反方向的消失点连线为作图原则，完成整个透视空间网格，如图 2-39 所示。

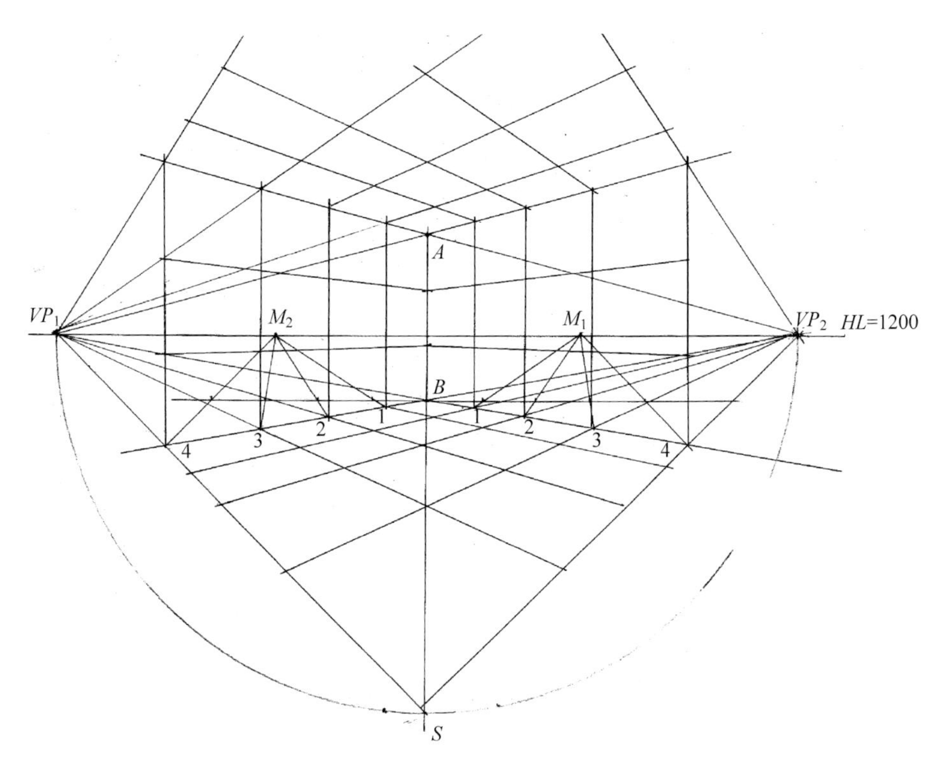

图 2-39　步骤 6（客厅布局两点透视）

（7）根据所给平面布局图，对照家具在平面网格中的位置，在地面相对应的网格画出家具底面透视，如图 2-40 所示。

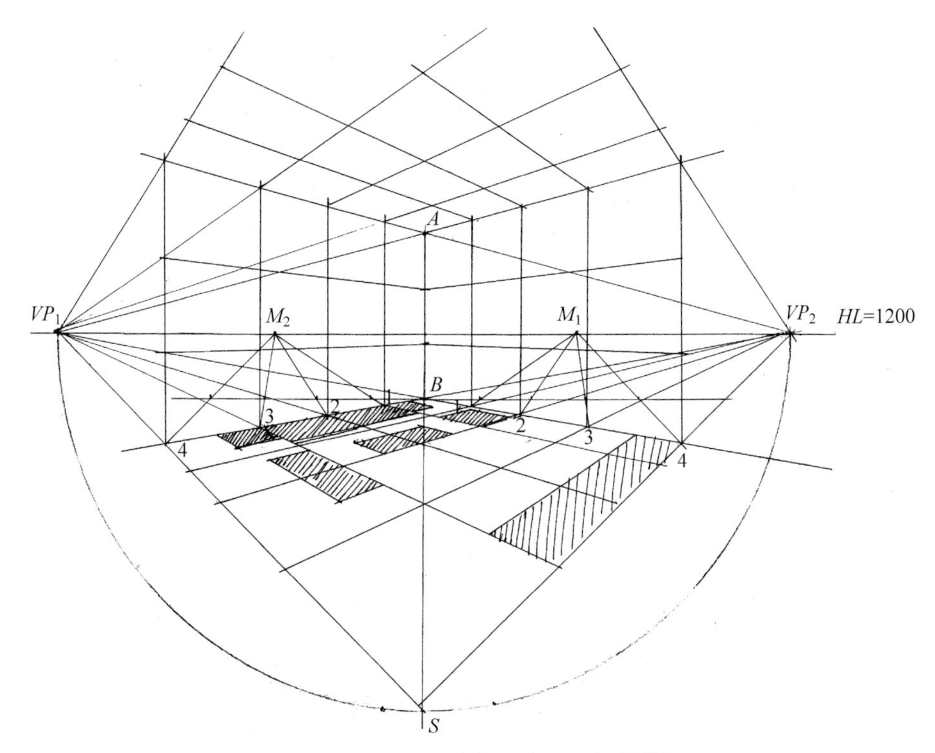

图 2-40　步骤 7（客厅布局两点透视）

（8）在地面四角引垂线，由左右墙透视网格取得家具透视高度，完成家具透视。先把家具概括为简单几何形体，然后完成墙面的定位及造型。这里特别要注意的是当画斜线时，所有斜线均与各自左右两边的消失点连线，如图 2-41 所示。

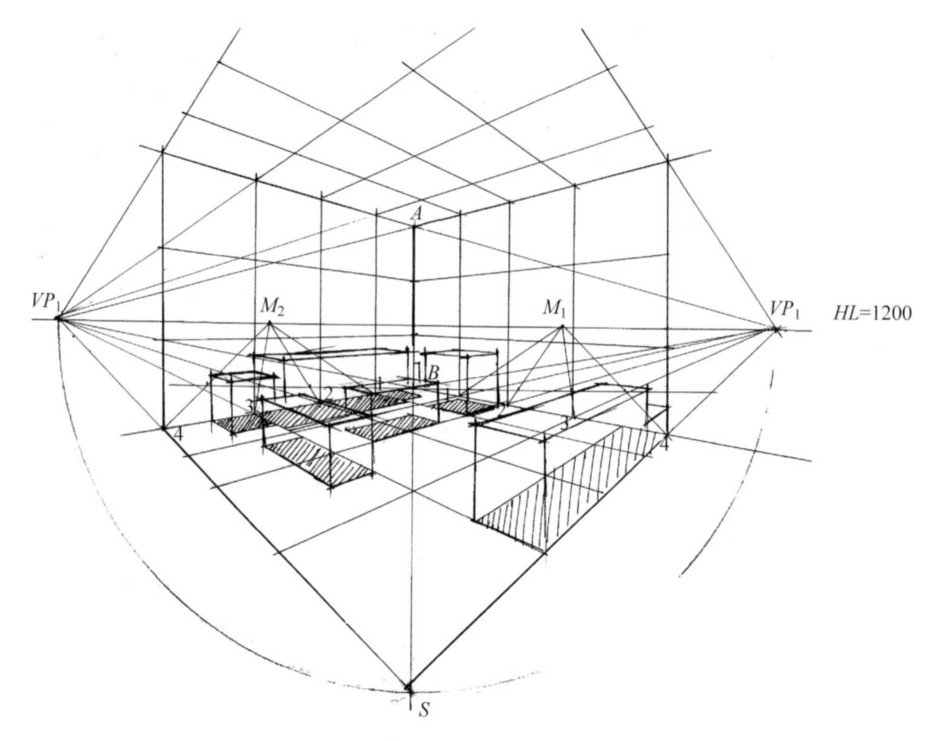

图 2-41 步骤 8（客厅布局两点透视）

（9）对家具部分进行修饰和调整，添加饰品或绿植，让空间丰富并灵动起来。此时应注意线条的粗细把握，这与室内制图中的用线要求是一致的，如图 2-42 所示。

(a)

图 2-42 步骤 9（客厅布局两点透视）

(b)

图　2-42（续）

3. 作图要点总结

确定画面位置时，纸边四周预留 15~20mm 的位置，确保构图不会太满或太小。若高宽比例较大（如高 3000mm、宽 6000mm），则以满足最大尺寸的前提下，再按同等比例确定画面大小。与一点透视要求相同。

关于测点 M 的位置与构图之间的关系如下所述。测点 M 可以根据不同需求采用近测点、中测点和远测点构图，一般情况下测点的位置最好进入画框内，否则容易画面失真。

（1）近测点：VP_1、VP_2 分别为各自墙面展开的基线长度的 2 倍数时，地面小，测点在 3.5m 左右，如图 2-43 所示。

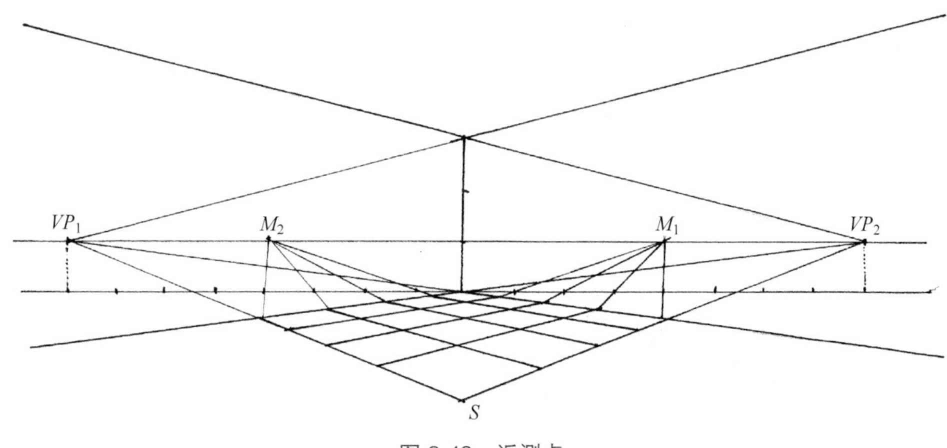

图 2-43　近测点

（2）远测点：VP_1、VP_2 分别为各自地面长度的 1.5 倍时，地面大，测点在原有尺寸的 2.5m 左右。同时变形也大，构图也大，不建议定这样的测点，如图 2-44 所示。

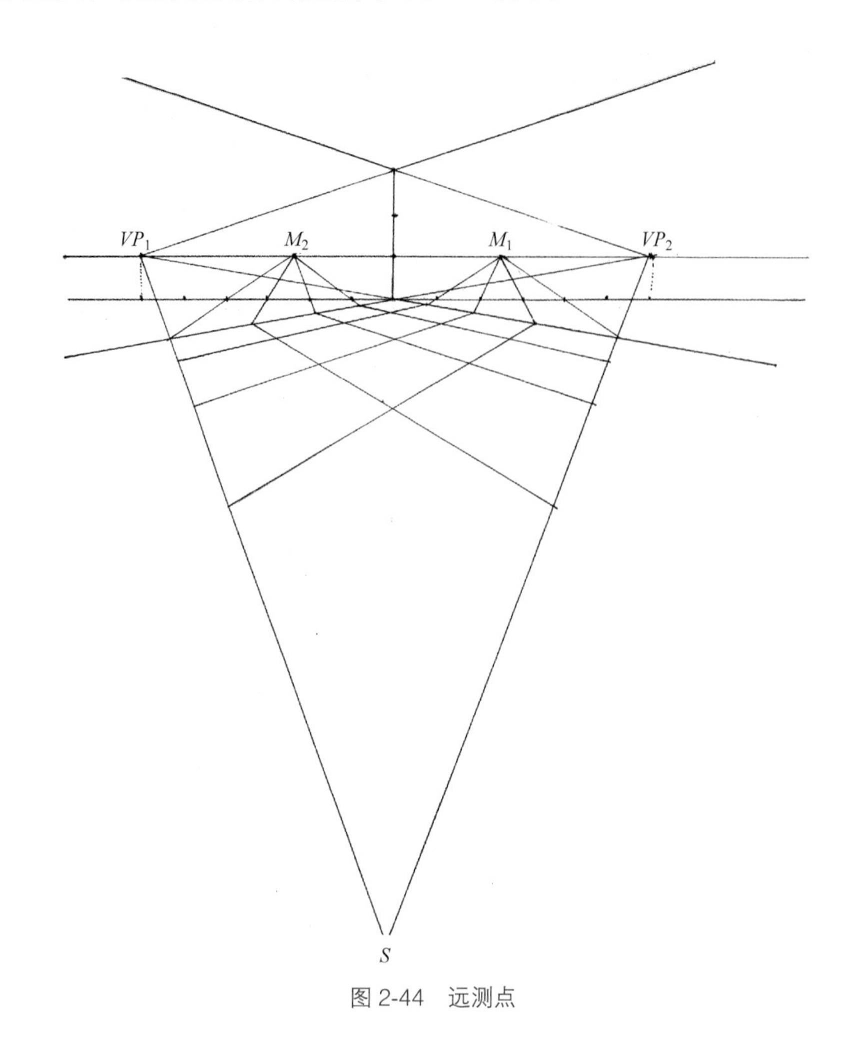

图 2-44　远测点

（3）中测点：VP_1、VP_2 分别为各自地面长度的 1.75 倍时，地面适中，测点在 3m 左右，如图 2-45 所示。

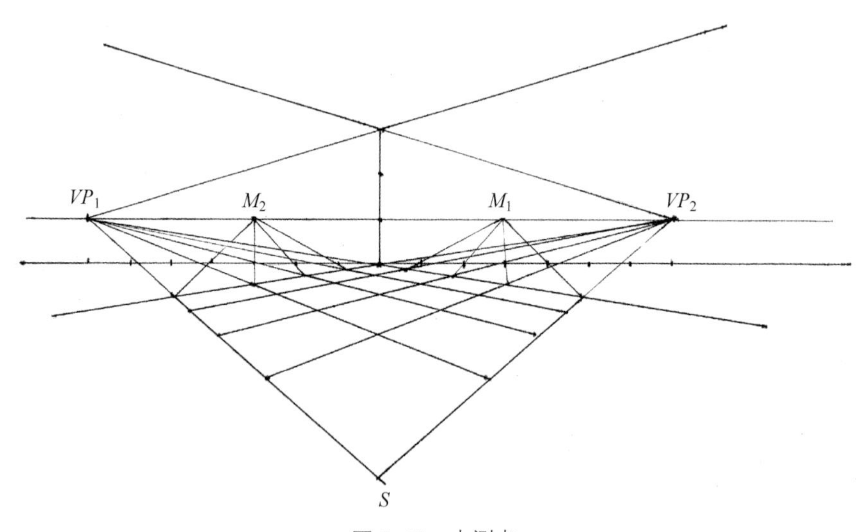

图 2-45　中测点

作业练习

根据图 2-46 和图 2-47 所提供的平面布局图和给出的站点位置进行空间结构透视绘制，即分别快速表现从视点 S_1 及 S_2 观察所得的空间结构透视图。

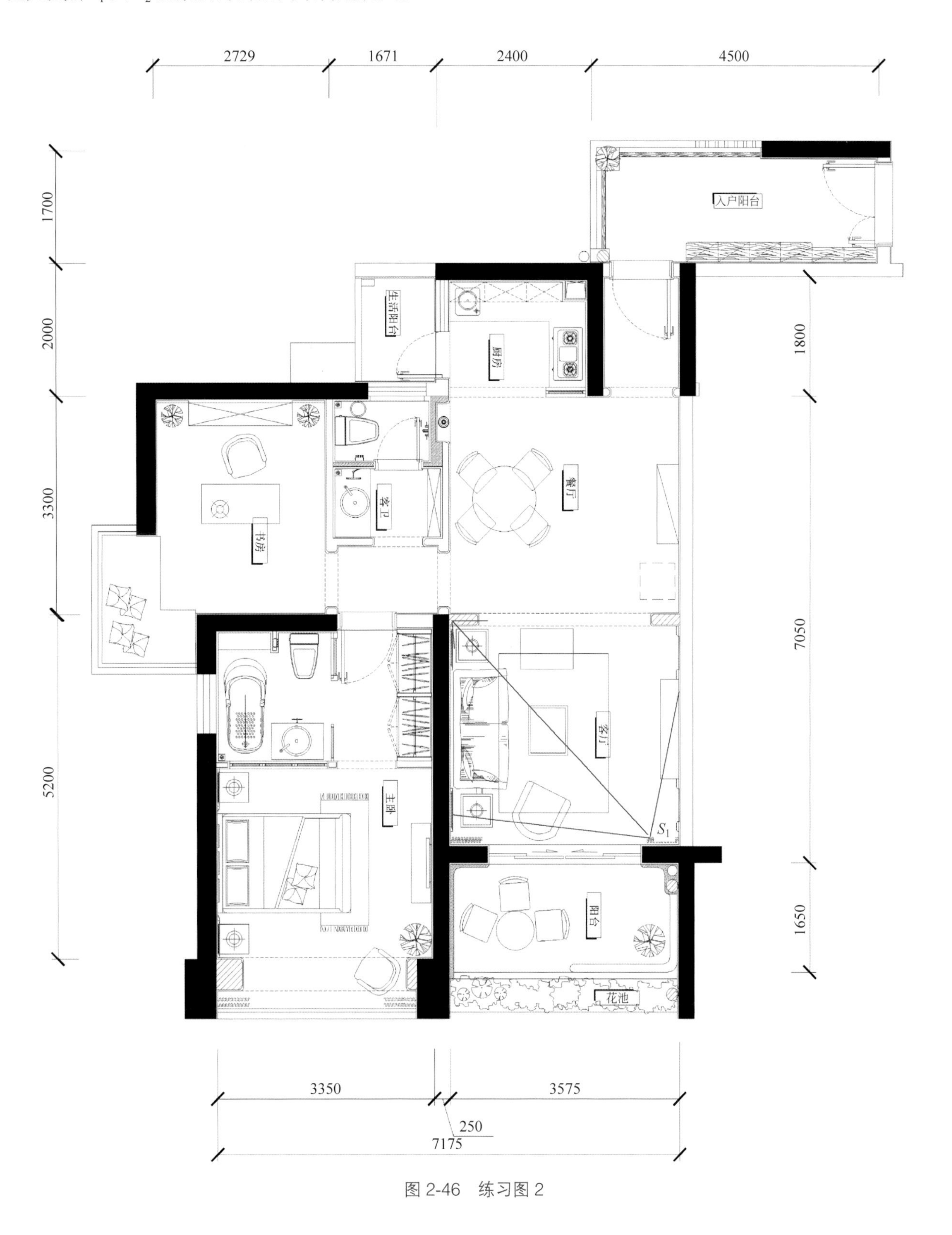

图 2-46　练习图 2

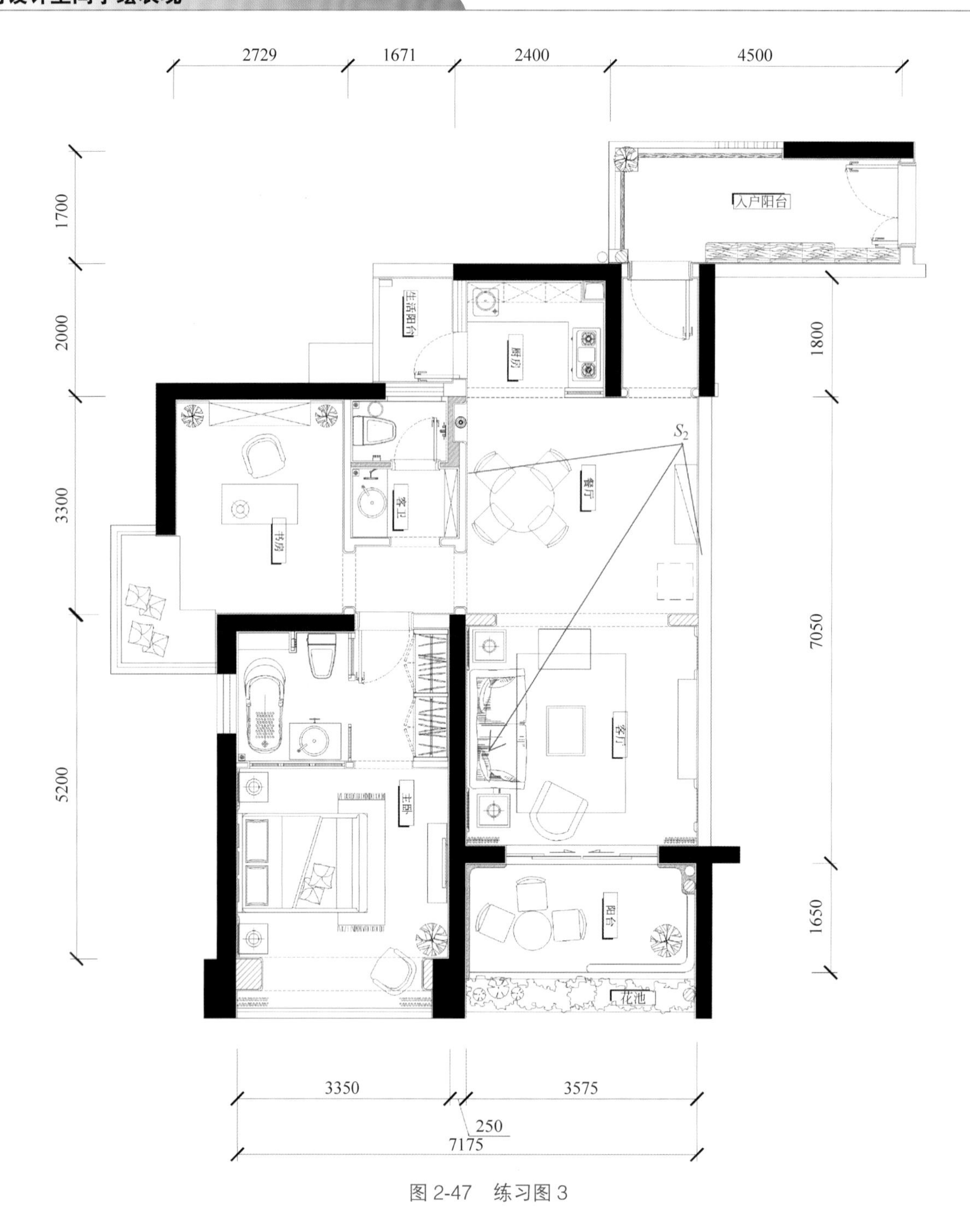

图 2-47 练习图 3

任务 3 透视与空间结构表现及训练

1. 透视与空间结构表现学习的重要性

学习空间徒手表现时，通常会遇到不知如何选取最佳表现角度的问题以及根据所选角度如何准确快速地表现出该空间结构的问题。这既是学习的重点，也是学习的难点，即使是从事室内设计多年的人员，也有很大一部分人缺少这方面的表现技能。因此，本任务的学习就是如何根据平面布局图进行不同角度的空间结构表现，通过学习能够做到在最短的时间内对选取的空间角度有敏锐的触觉和徒手表现指定站位空间结构的能力。下面根据一个单身公寓的三个不同平面布局设计方案进行对透视与空间结构的表现训练。此空间所属地段为靠海边，即海景房，如图 2-48 所示。

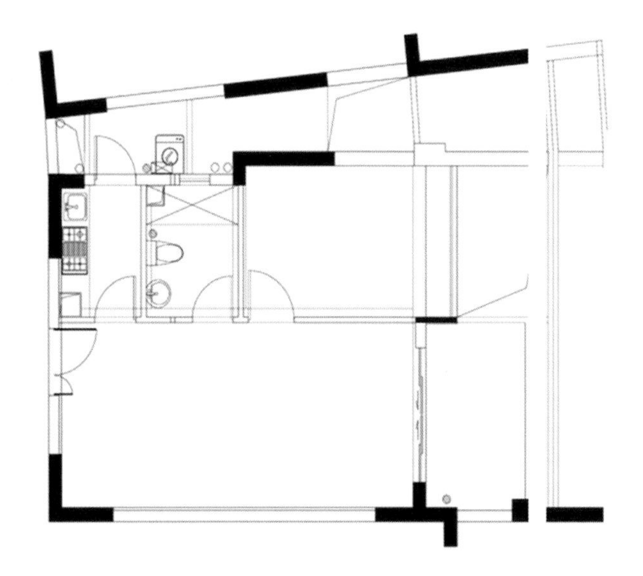

图 2-48 原始平面图

2. 透视与空间结构表现案例

1）单身公寓平面布局方案 1（图 2-49）

（1）方案理解。此方案在布局中为保守型设计，即最大限度地保留了原有的建筑框架结构。此方案实用大气，因此在具体空间表现时，应更注重软装的搭配、色彩的设计等细节，以凸显设计的价值所在，以最低成本做出最好的空间环境效果。

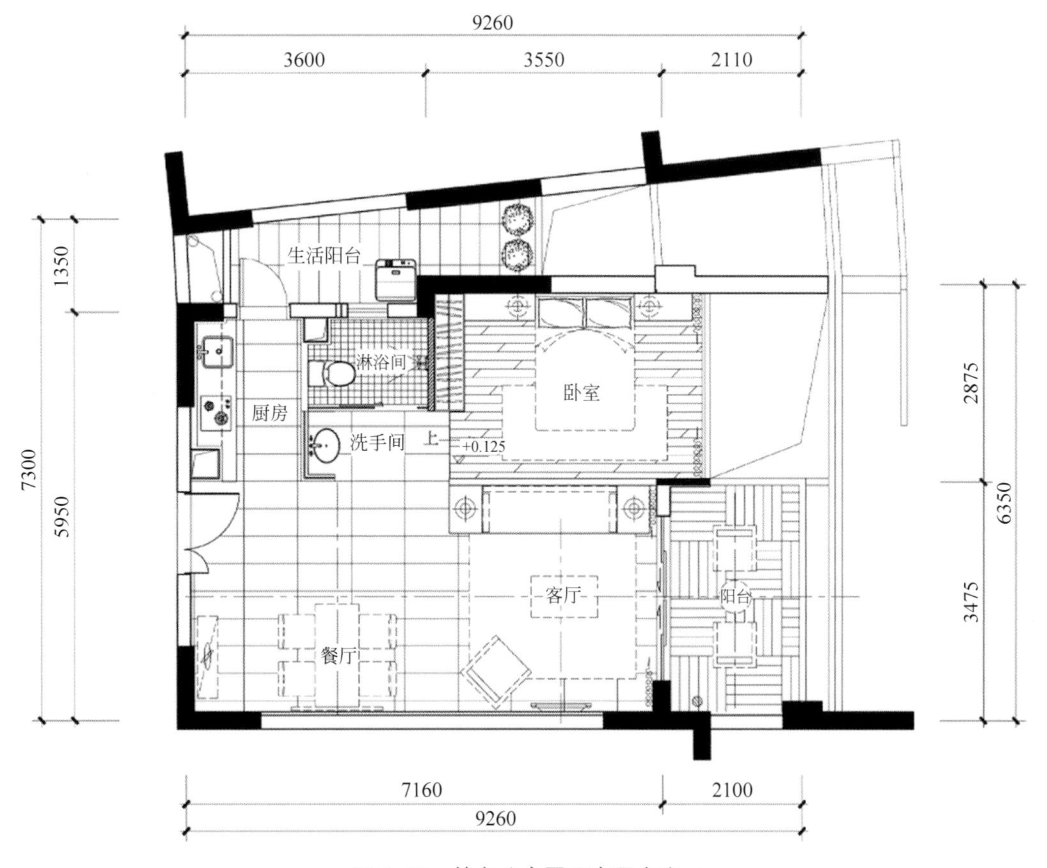

图 2-49 单身公寓平面布局方案 1

（2）站点选取分析。空间布局中的设计亮点为客厅与卧室之间的隔断处理，同时这两个均为主要功能空间，因此满足这两方面的最佳角度为站点 *S*，如图 2-50 所示。

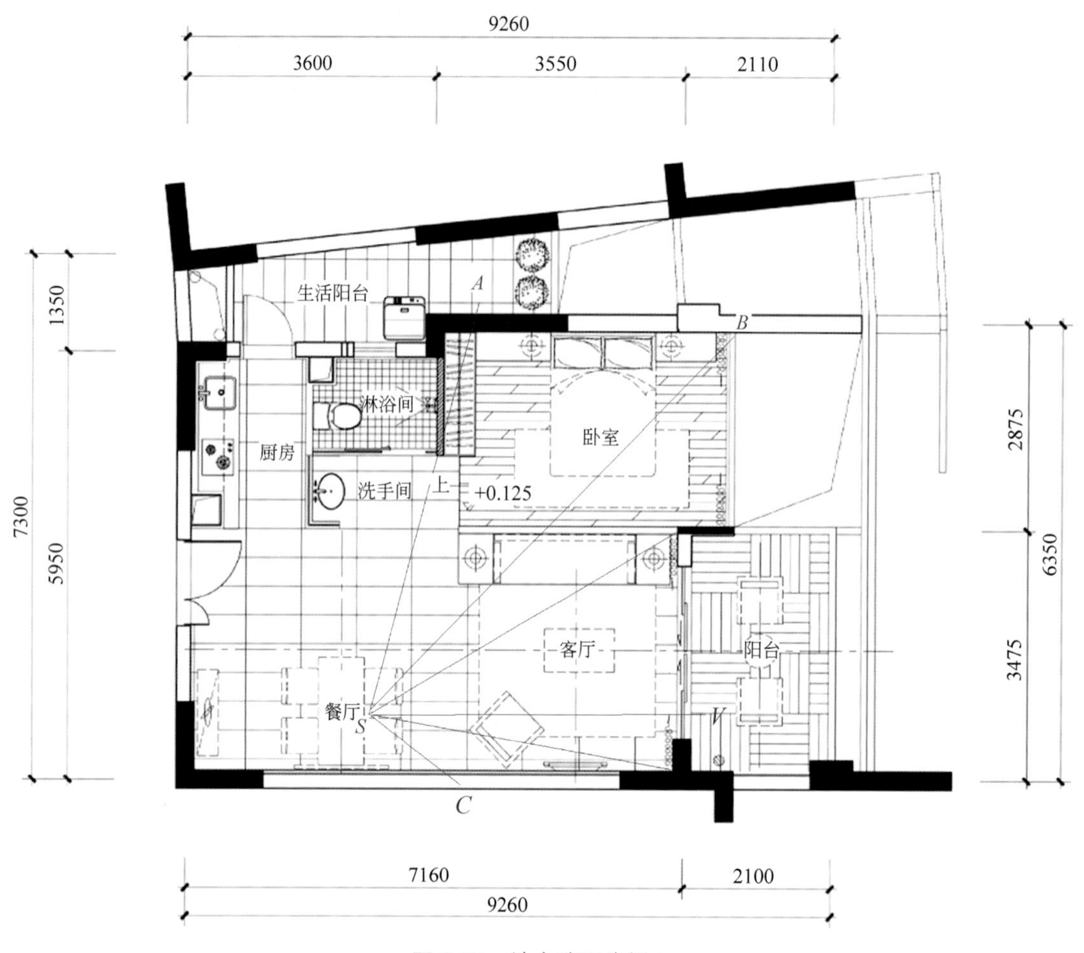

图 2-50　站点选取分析 1

（3）空间透视表现方法及步骤。

① 根据站点 *S* 的定位，以视角 70° 左右为范围值，可以定出该空间的几个关键数字：视觉区 *AB* 长度为 3500mm，*BC* 长度为 6350mm，*CD* 长度为 3100mm，此外有一视线消失点 *VP*，离墙长度为 1000mm。简化视域图如图 2-51 所示。

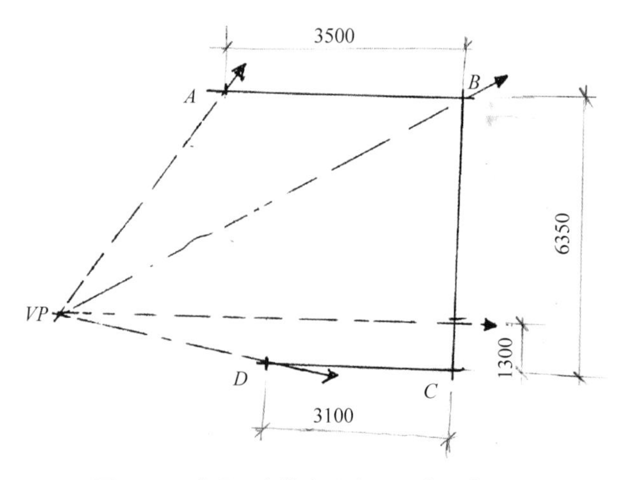

图 2-51　步骤 1（单身公寓平面布局方案 1）

② 将视高定在 800mm，根据所框出的视域区，按尺寸比例画出空间的展开图，并注明位置点、测点、消失点（以便下面定位空间），如图 2-52 所示。

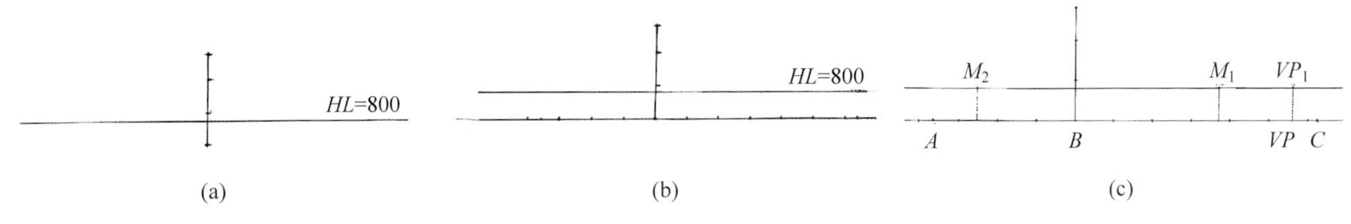

图 2-52　步骤 2（单身公寓平面布局方案 1）

③ 根据两点透视画法进行消失点及测点的连线，如图 2-53 所示。

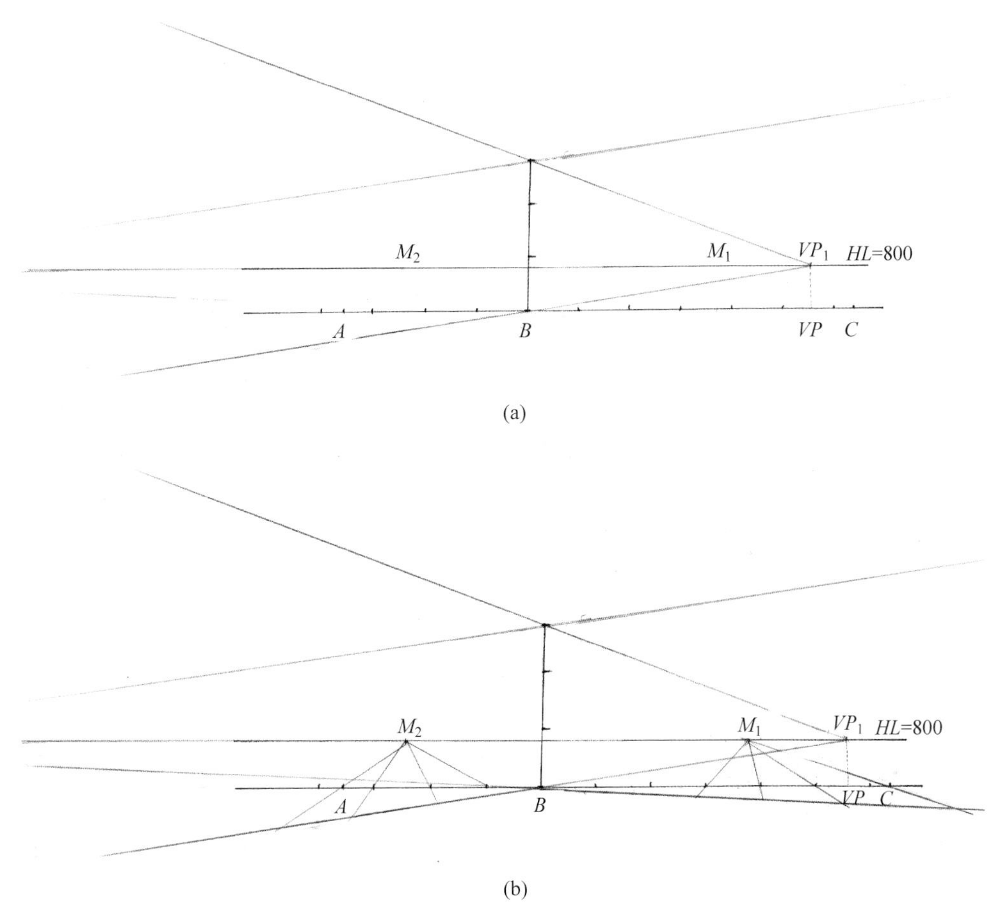

图 2-53　步骤 3（单身公寓平面布局方案 1）

④ 画出地面透视网格线，如图 2-54 所示。

⑤ 定出客厅与卧室之间的隔断墙。这里需要注意的是，两个空间并不在一条直线上，因此在画客厅时应减去相应的尺寸，如图 2-55 所示。注意：应根据平面图将客厅墙体定位往前移。

⑥ 准确定出阳台位置，如图 2-56 所示。

⑦ 根据平面布局图，对照家具在平面网格中的位置，在地面相对应的网格画出家具底面透视，并根据设计构思画出家具及界面造型，然后深入刻画，完成透视空间结构表现，如图 2-57 所示。

2）单身公寓平面布局方案 2（图 2-58）

（1）方案理解。此方案在空间格局上做了大胆的处理，主要体现在几乎将所有墙体都打掉，洗手台与

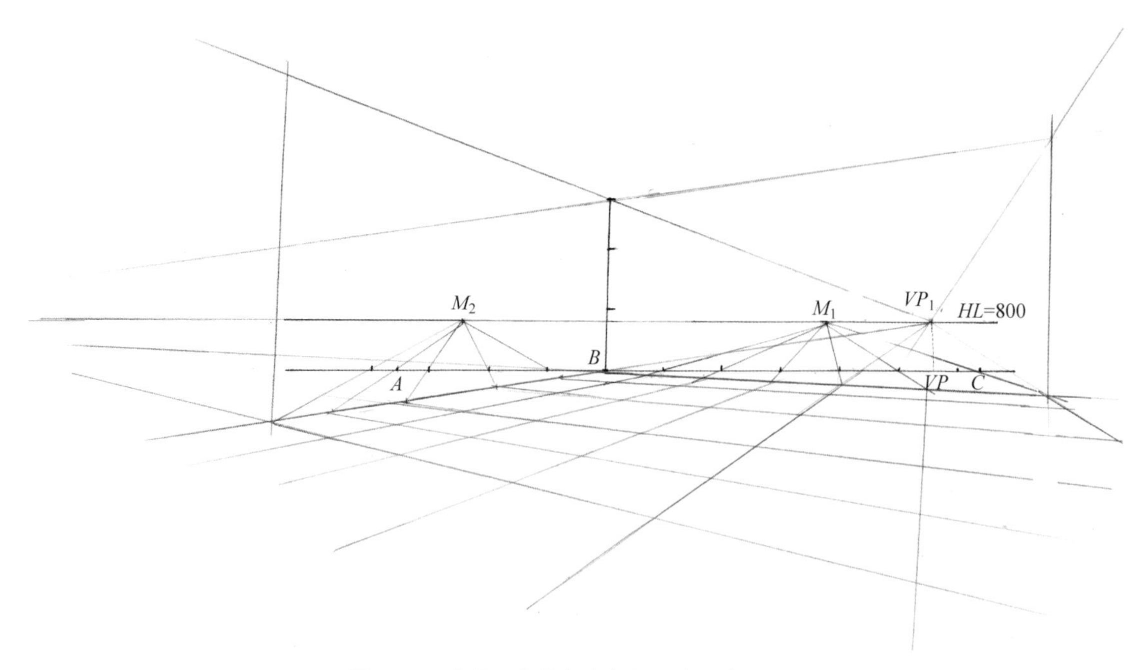

图 2-54 步骤 4（单身公寓平面布局方案 1）

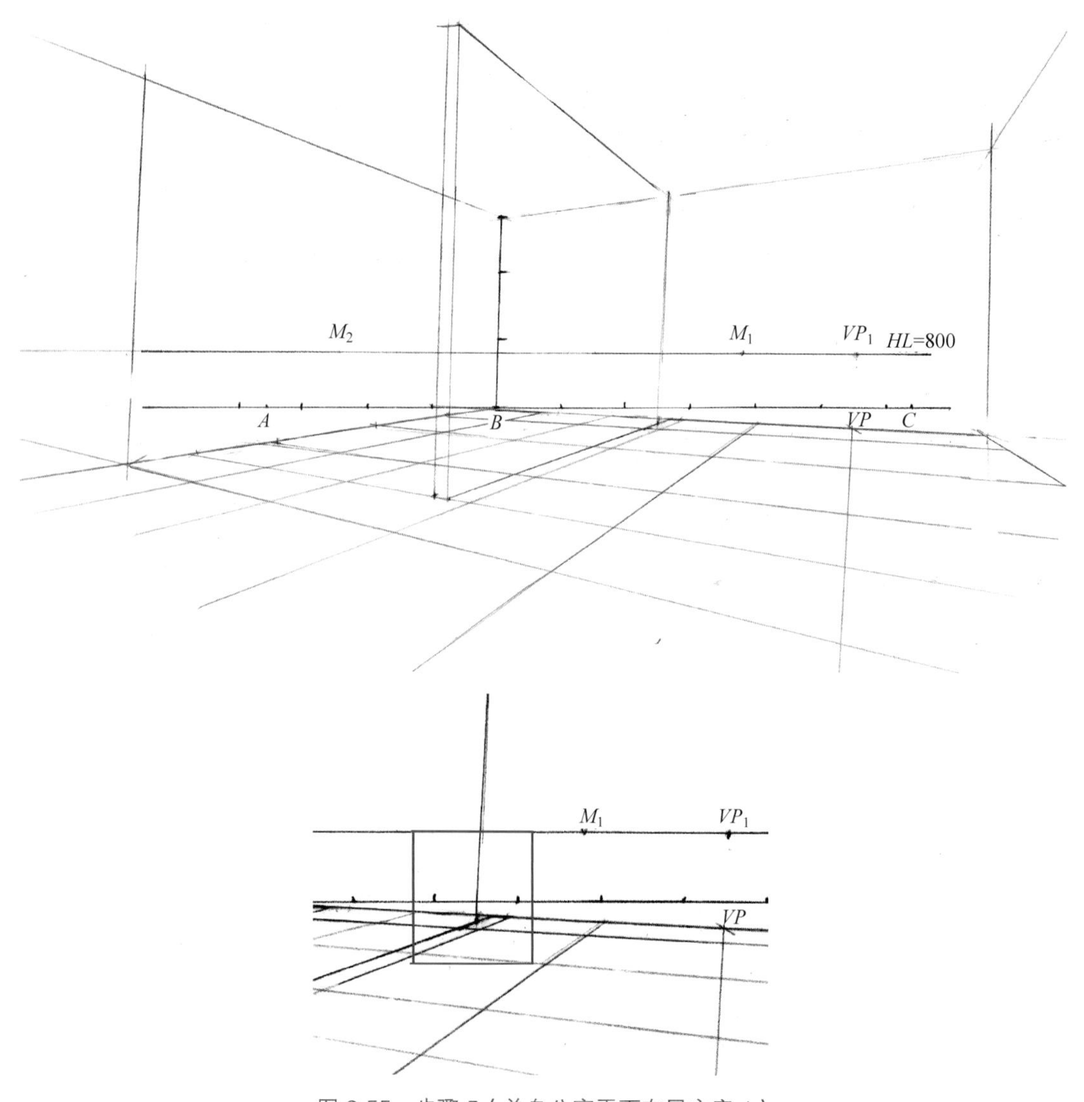

图 2-55 步骤 5（单身公寓平面布局方案 1）

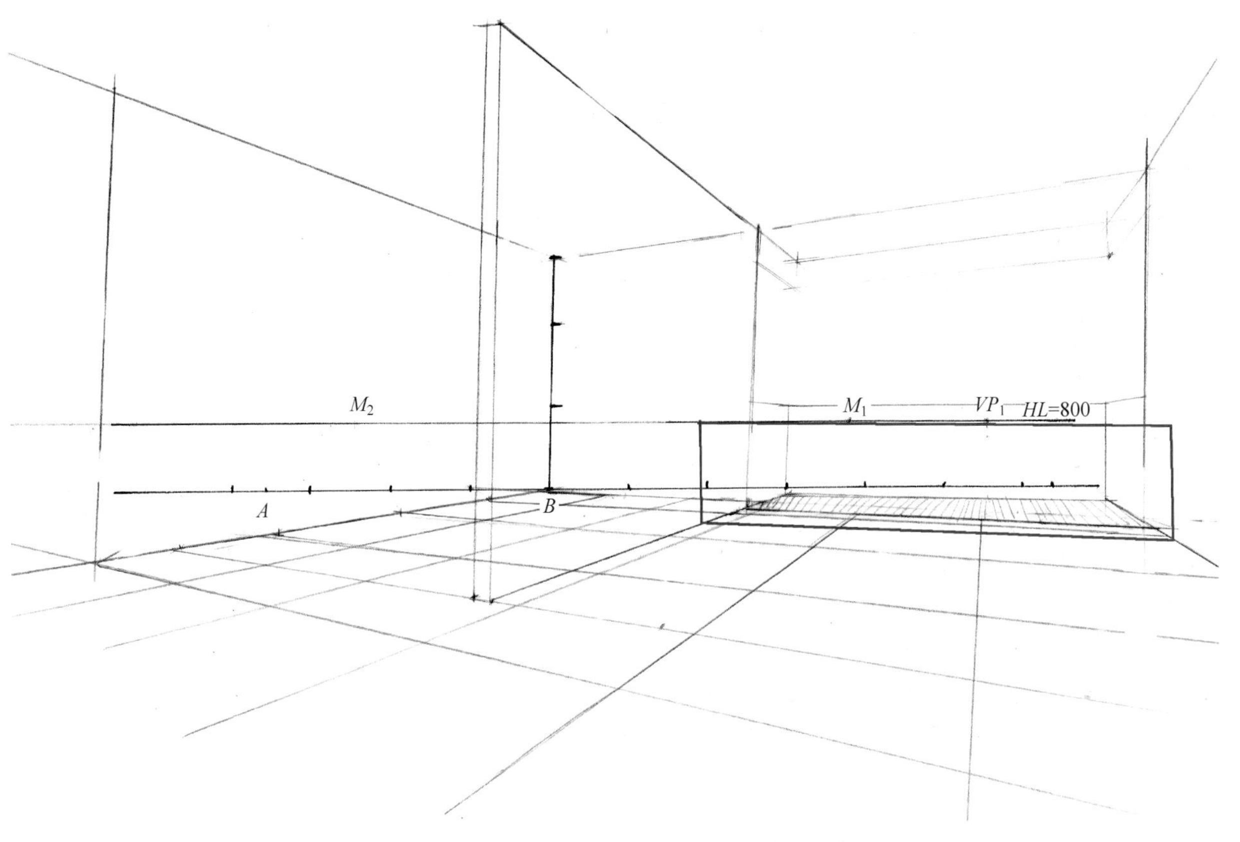

图 2-56　步骤 6（单身公寓平面布局方案 1）

(a)

图 2-57　步骤 7（单身公寓平面布局方案 1）

(b)

图 2-57（续）

淋浴区分开，各自独立，改变了小空间的格局，因此整个空间感觉非常宽敞。此方案在设计中应注意界面与界面之间的设计衔接，材料及色彩使用要尽量做到统一中富有变化。手绘表现过程的重点在于表现空间所带来的即视感。

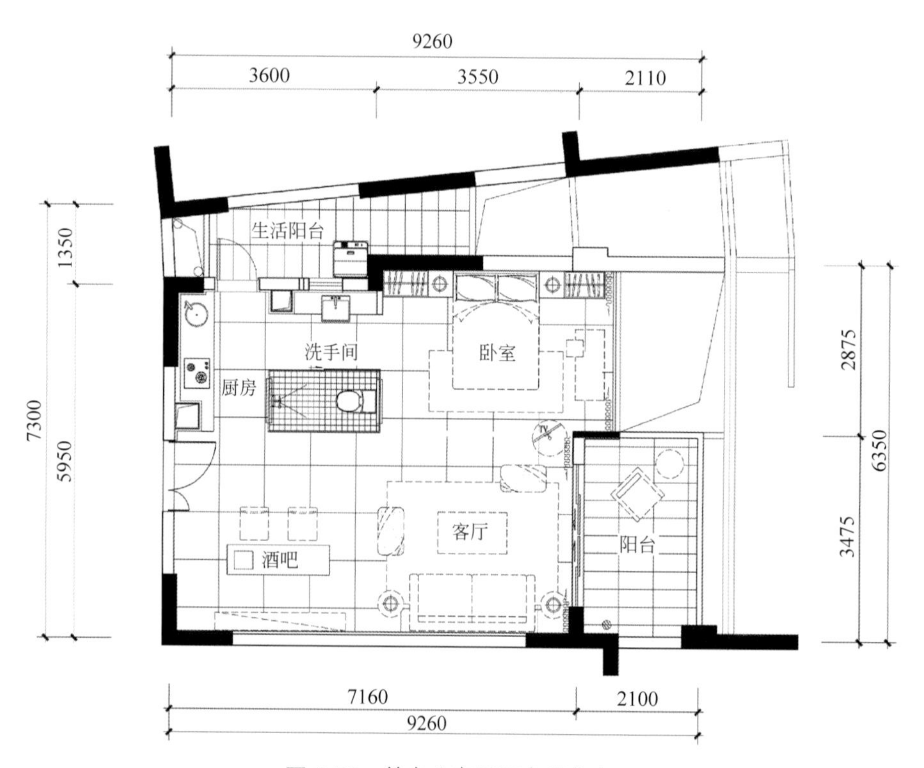

图 2-58 单身公寓平面布局方案 2

（2）站点选取分析。由于此空间改动较大，几乎是无墙体。因此站点的选择首先要考虑的是该角度能否看到空间全貌。站点 *S* 所呈现出来的是一点透视，它除了能够保证多个空间同时出现的稳定感，还能够同时观察到内部的主要空间结构，因此是一个比较好的视觉角度选取，如图 2-59 所示。

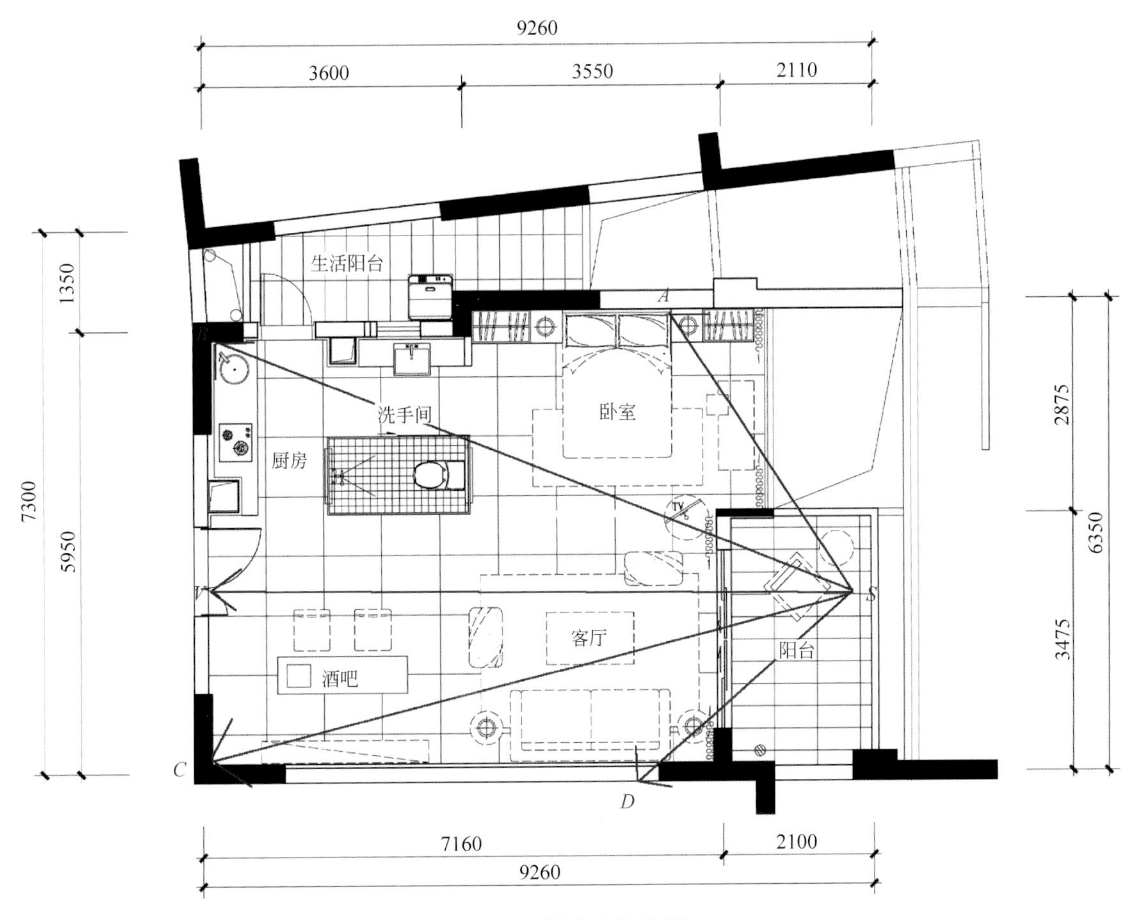

图 2-59　站点选取分析 2

（3）空间透视表现方法及步骤。

① 根据站点 *S* 的定位，以视角 70° 左右为范围值，可以定出该空间的几个关键数字：视觉区 *AB* 长度为 6650mm，*BC* 长度为 5950mm，*CD* 长度为 6450mm，此外有一视线消失点 *VP*，离墙长度为 800mm，如图 2-60 中的简化视域图。根据以上空间数值画出大体空间，如图 2-60 所示。

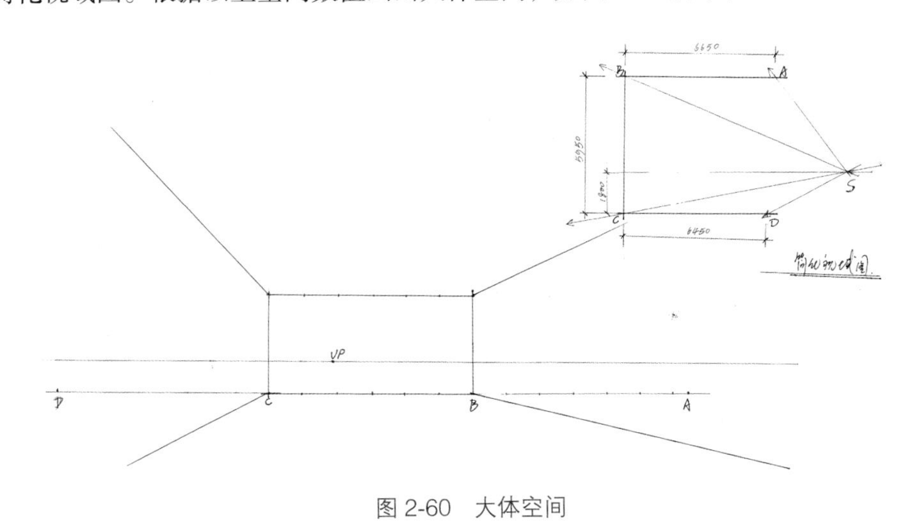

图 2-60　大体空间

② 根据平面图所指示的墙体及家具定位参考线，在透视空间图中绘制出来，以便快速定位，其他家具及界面可依据这些参考线逐一画出，提高空间表现速度，如图 2-61 和图 2-62 所示。

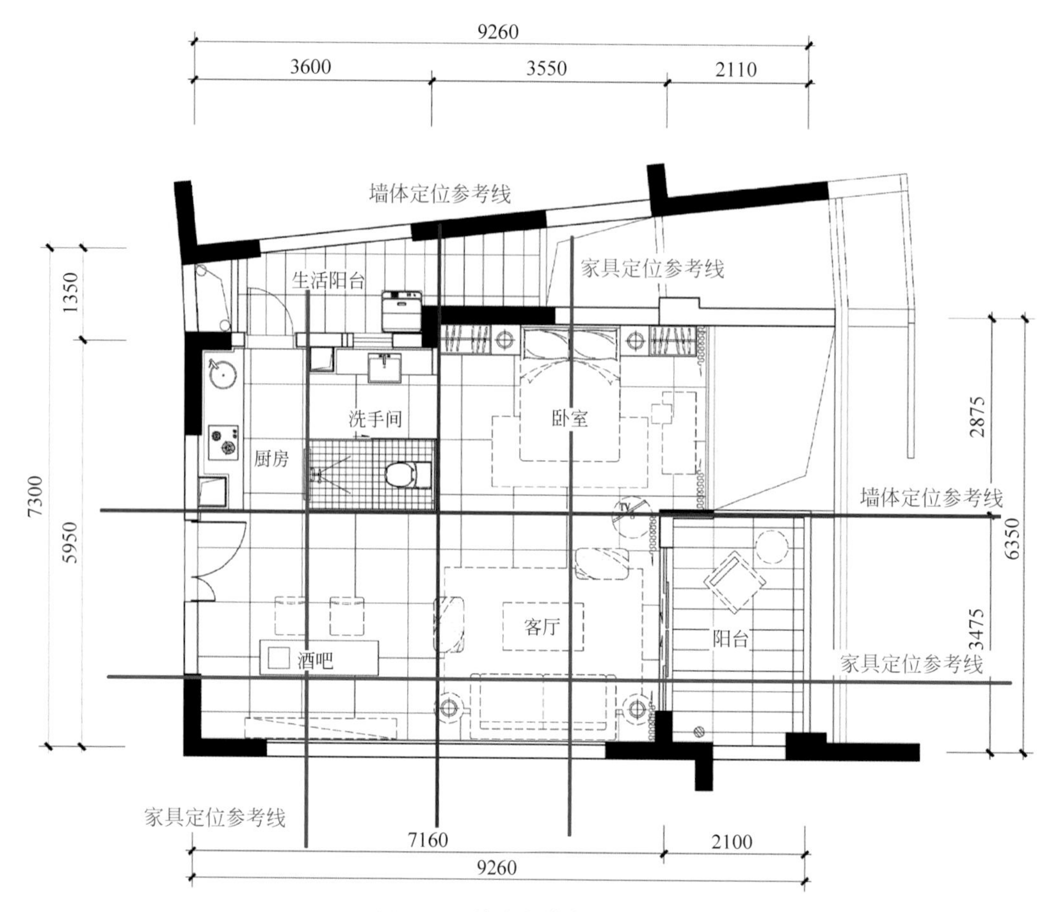

图 2-61 给出大体定位参考线

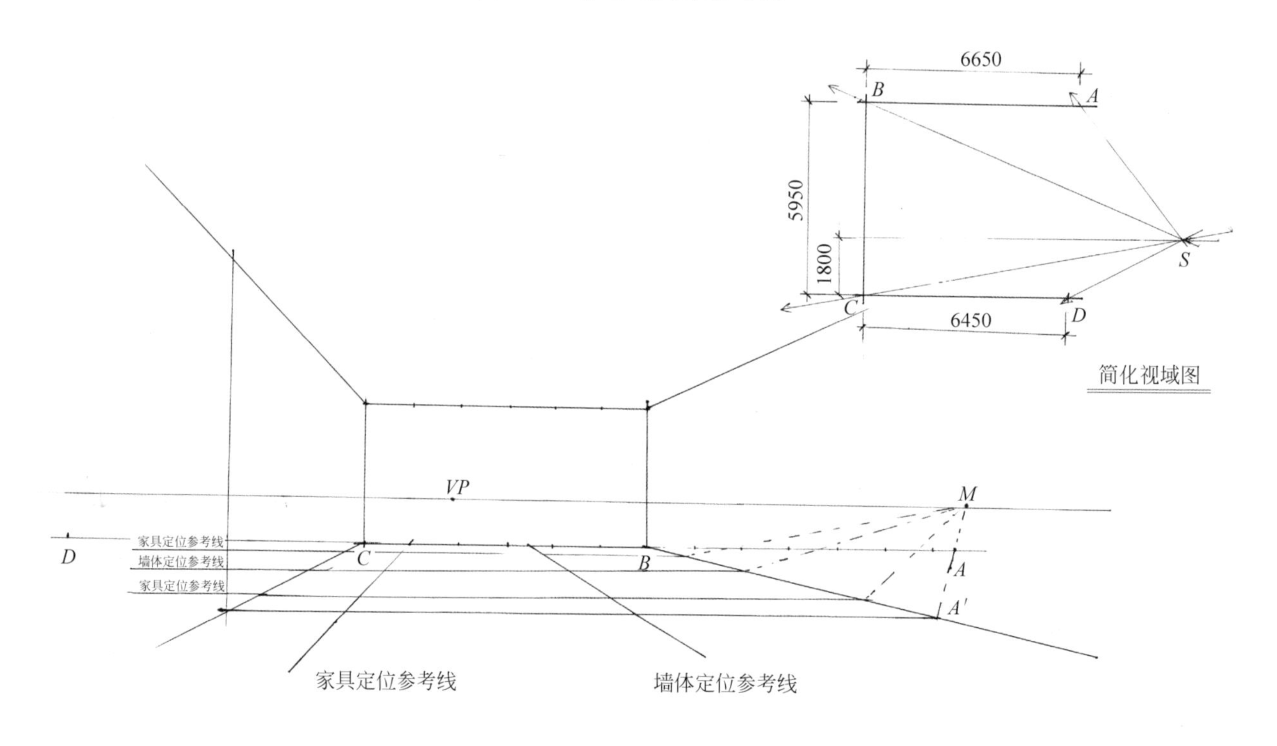

图 2-62 在透视图中画出定位参考线

③ 根据墙体及家具的定位参考线，画出卫生间及餐厅区的空间，同时把客厅及卧室的家具定位确定下来，如图 2-63 所示。

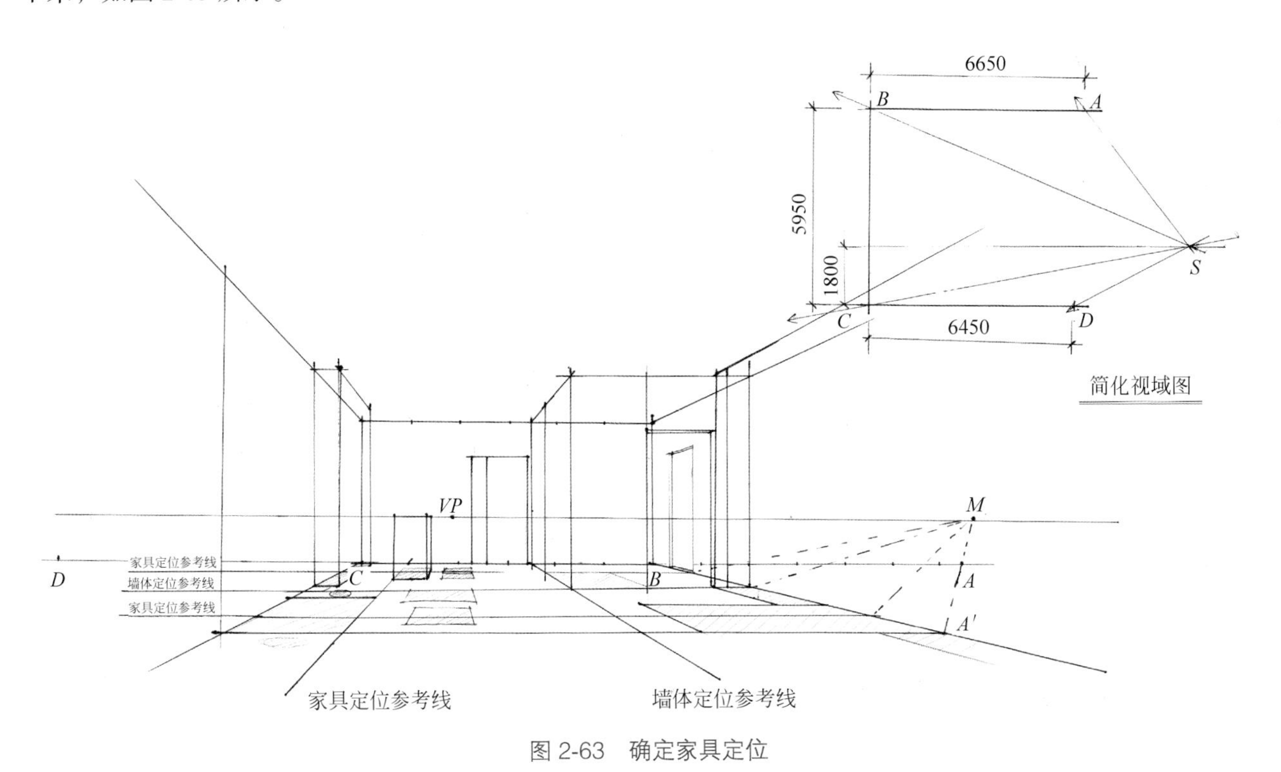

图 2-63 确定家具定位

④ 把主要家具画出，并把空间中起决定作用的空间造型表达出来，以便进行下一部分的细化设计，这一点很关键，即表达空间印象图如图 2-64 所示。同一布局不同角度方案手稿如图 2-65 和图 2-66 所示。

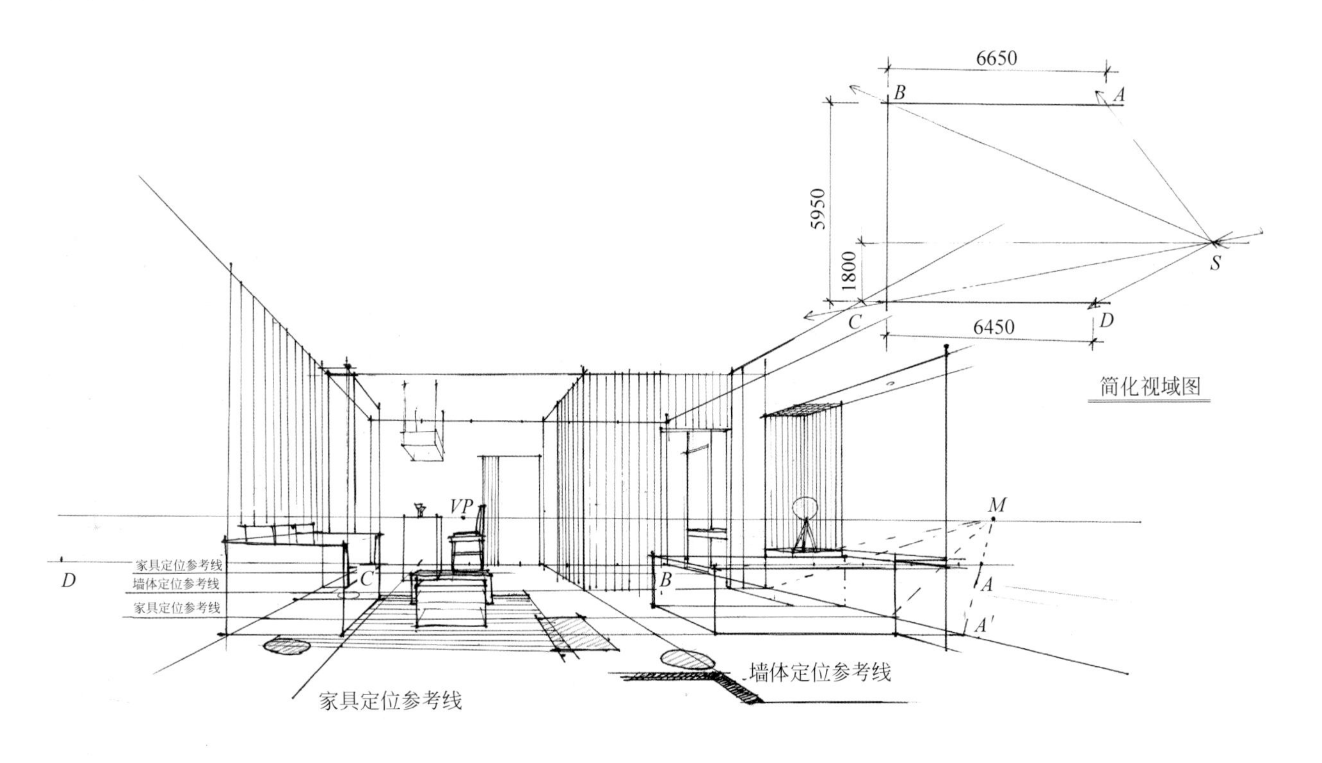

图 2-64 空间印象图

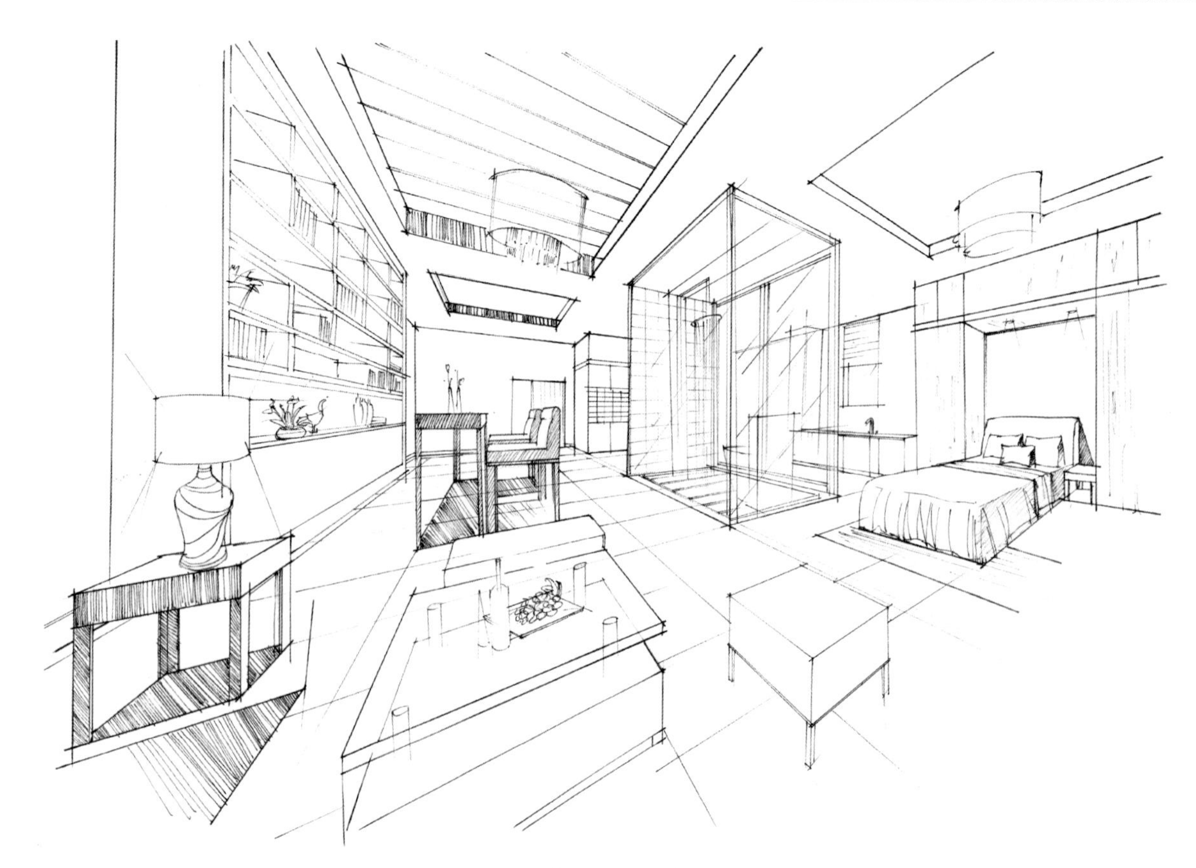

图 2-65　同一布局不同角度方案手稿 1

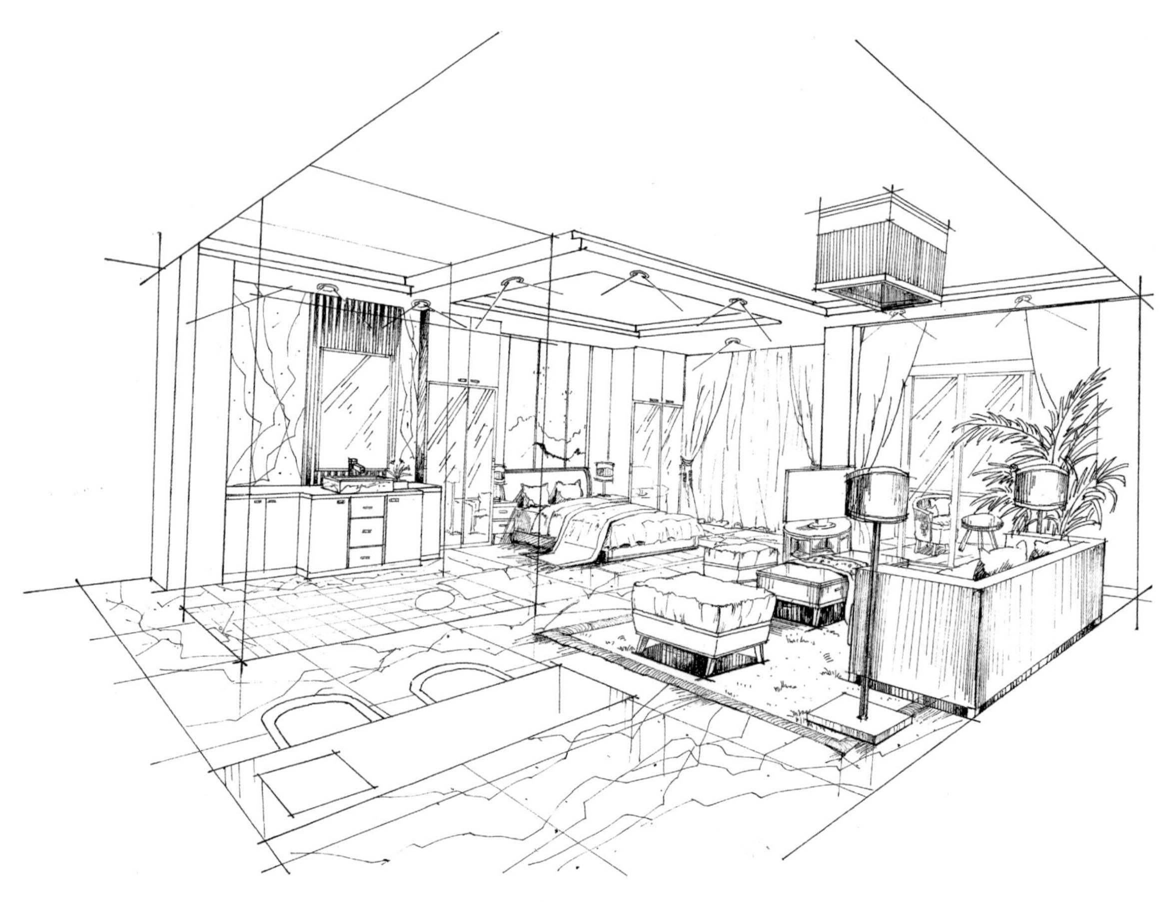

图 2-66　同一布局不同角度方案手稿 2

3）单身公寓平面布局方案 3（图 2-67）

（1）方案理解。方案 3 与方案 2 有一定的相似度，对空间结构均做了较大的改动，不同的是客厅沙发的摆放位置做了调整，并从视觉需求角度上将卫生间的墙角区域做了内凹绿植摆放设计，从而增加空间的灵性及生命力。因此，在方案手绘中应尽量体现这一点。

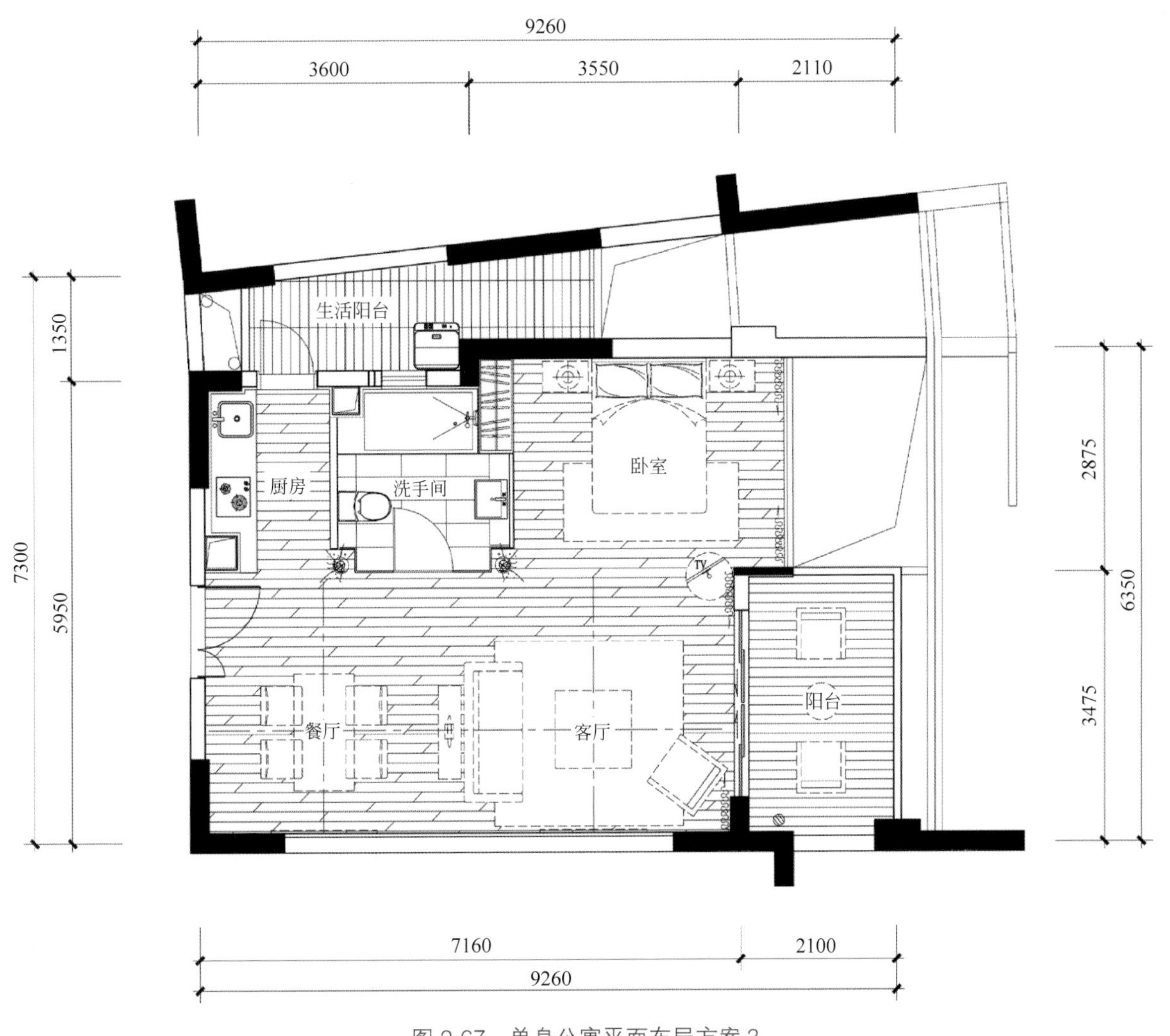

图 2-67　单身公寓平面布局方案 3

（2）站点选取分析。从餐厅一角位置往里看，它是最大限度地同时满足卫生间、部分餐厅、客厅、卧室的最佳角度，由于客厅的沙发位置关系，因此可将视点抬高，以俯视来观察整体的空间结构，如图 2-68 所示。

（3）空间透视表现部分。同学们可根据以上两个方案的空间表现方法进行自行学习，进行必要的空间界面设计并绘制出来。

作业练习

根据以下所提供的平面图布局方案及家具参考图（图 2-69~ 图 2-72），自选角度及视高，界面增加一定的设计，进行空间徒手表现绘制。要求：每个方案的空间角度不少于两个。

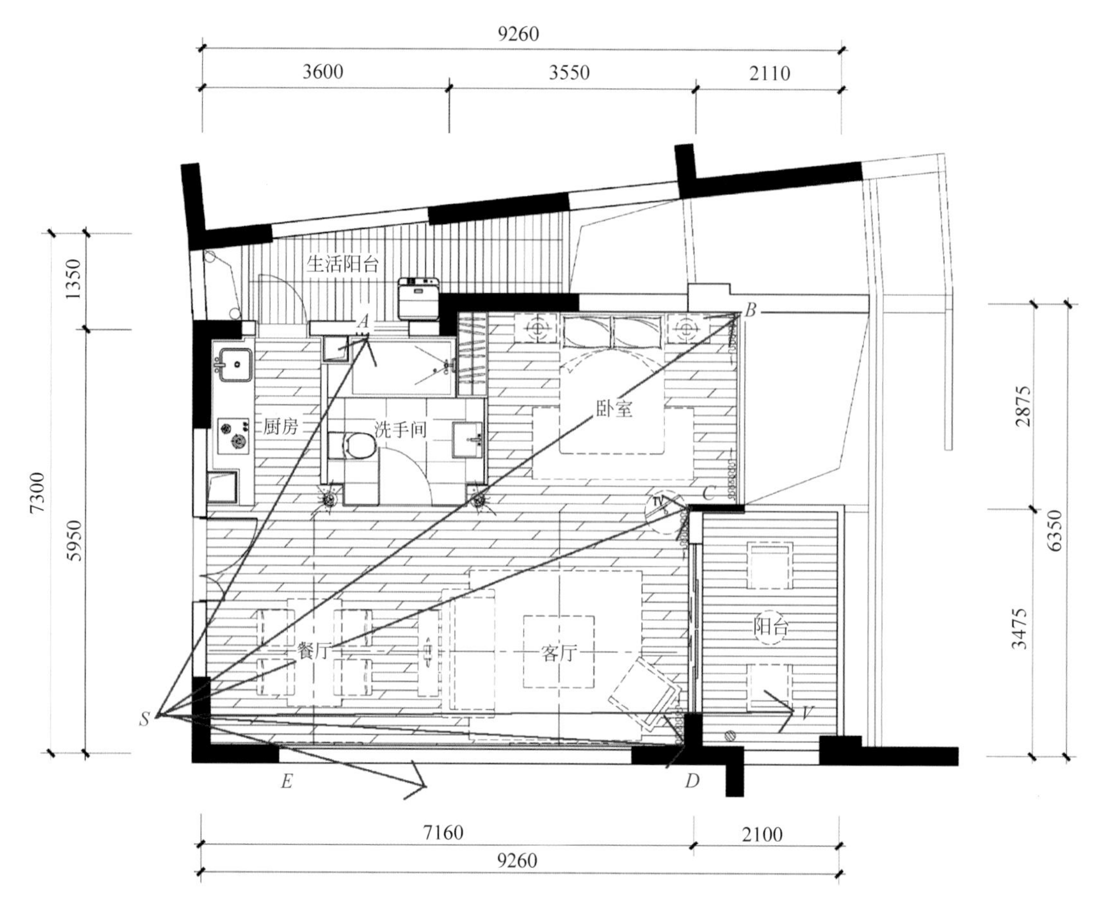

图 2-68 站点选取分析 3

图 2-69 方案一设计风格 1

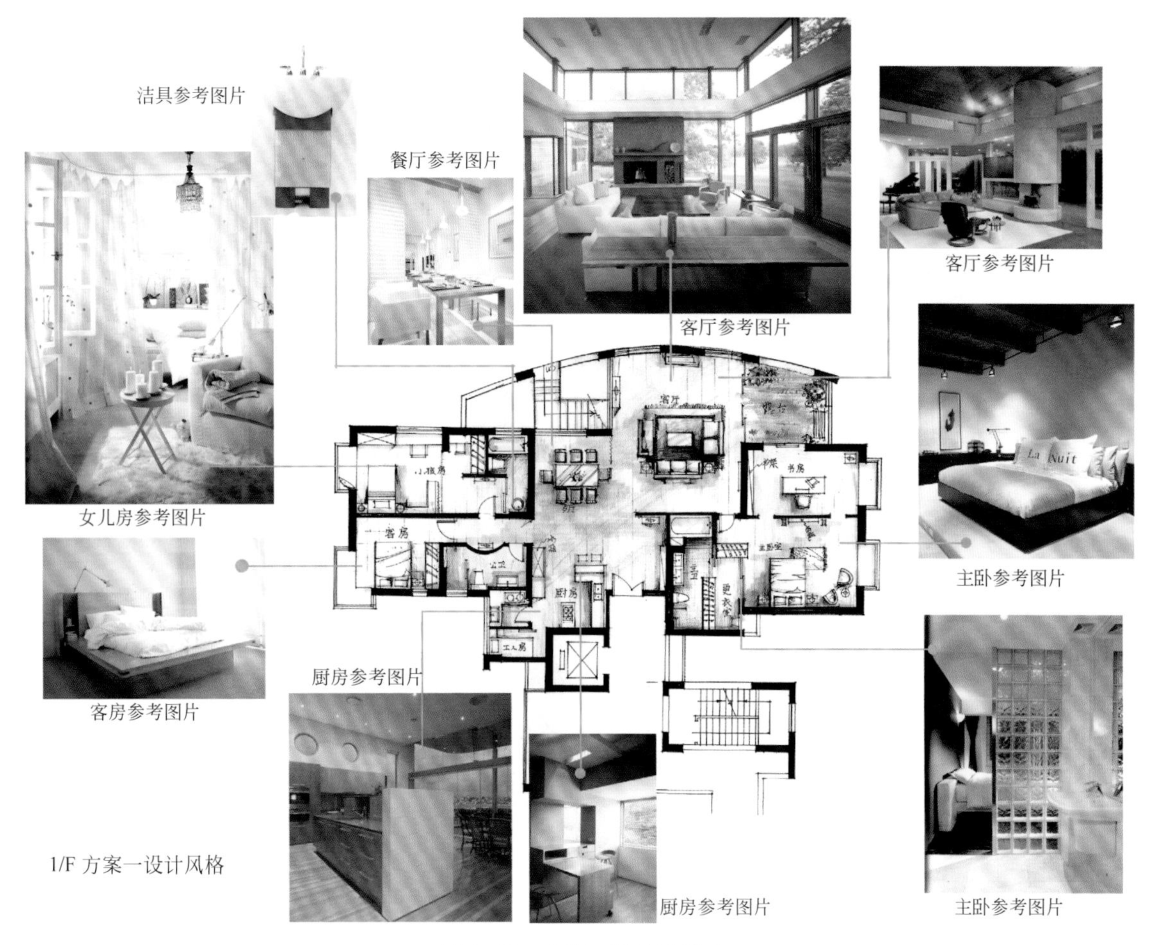

图 2-70 方案一设计风格 2

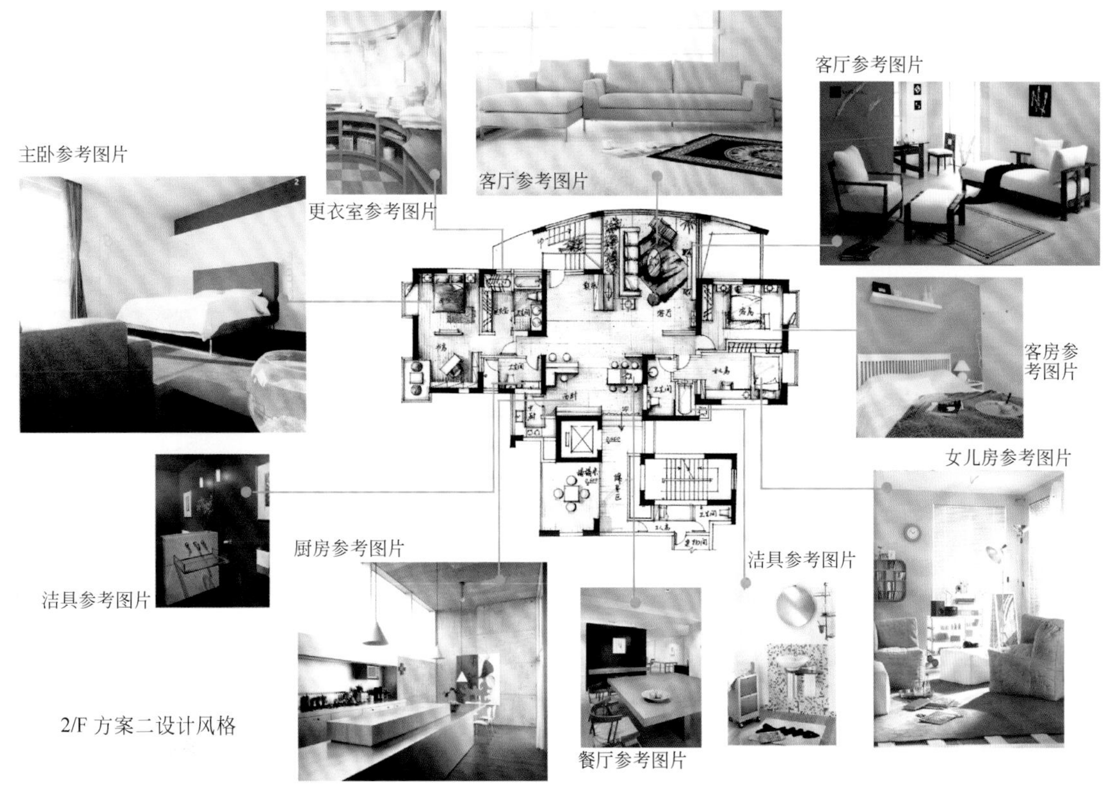

图 2-71 方案二设计风格 1

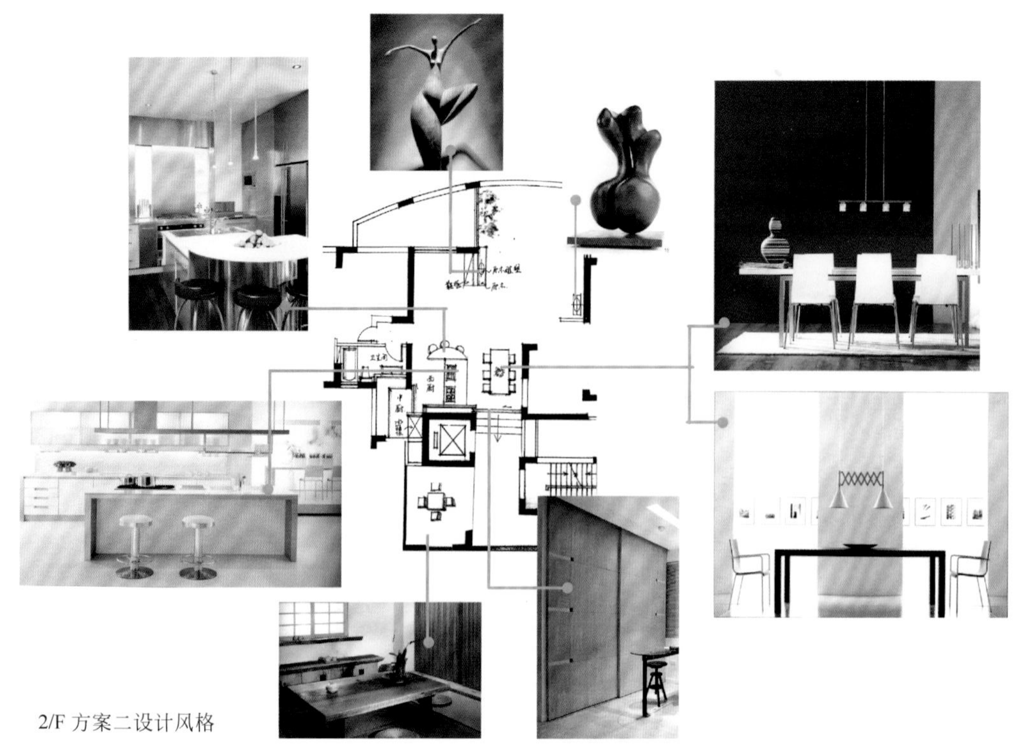

图 2-72 方案二设计风格 2

任务 4 赏析空间与透视线稿作品

空间与透视线稿作品欣赏如图 2-73~ 图 2-99 所示。

图 2-73 所示作品选取了具有视觉冲击力的角度，空间造型简约大气，并且与家具风格选取的统一性及线条的轻重虚实是该作品的特点。

图 2-73 某餐厅设计手稿 作者：陈春娜

图 2-74 所示作品选取透视角度既突出局部又观察到整体，空间主次分明，线条的轻重虚实将空间的前后感更加突出强化。

图 2-74 某售楼处设计手稿 作者：陈春娜

图 2-75 所示作品角度选取在入口区，能概括出整体空间，家具造型细致严谨，适当的明暗增强了空间的稳重感，线条的虚实处理再放松些效果会更好。

图 2-75 某餐饮包房设计手稿 1 作者：李丽仪

图 2-76 所示作品表现的是空间相对比较大的对称式空间，微微的俯视效果展现出了不错的效果。

图 2-76　某餐饮包房设计手稿 2　作者：徐颖琳

图 2-77 所示作品中，复杂的家具造型及一些软装配饰的细致刻画离不开对透视及造型结构的准确把握，因此开始的起稿和家具的定位很关键。

图 2-77　某餐饮包房设计手稿 3　作者：李美缘

图 2-78 所示作品，其大视角的选取非常考验拿捏度，掌握不好容易失真，此作品拿捏得当，视觉冲击力强，空间虚实处理好。

图 2-78　某餐饮包房设计手稿 4　作者：夏卉妍

图 2-79 所示作品，局部刻画细致，空间感强，设计元素统一，因此，看似相对复杂的造型却也能融为一体。

图 2-79　某餐饮包房设计手稿 5　作者：罗翠姿

图 2-80 所示作品，作者降低了视高，站点选取大胆，让这个作品呈现出不一样的空间视觉效果，同时适当的明暗处理也强化了径深感。

图 2-80 某家居设计方案手稿 1 作者：李美缘

图 2-81 所示作品，其线条前实后虚、前细后粗的处理让本来比较简单的空间更具表现力。

图 2-81 某家居设计方案手稿 2 作者：徐颖琳

图 2-82 所示作品是一个别墅家居方案手稿，角度透视选取大胆，家具造型细致，同时明暗处理的强化使作品画面感和特色感强。

图 2-82　某家居设计方案手稿 3　作者：罗萃姿

图 2-83 所示作品的线条简练，给人干净的空间感，角度选取对连贯性强的同一界面是个不错的选择。

图 2-83　某家居设计方案手稿 4　作者：何欣娟

图 2-84 所示作品视角选在 800mm 以下的位置也能出现不一样的效果，突出了天花的造型。

图 2-84　某家居设计方案手稿 5　作者：谢遥婷

图 2-85~ 图 2-87 所示的这套空间设计作品形体塑造的线条感强，空间角度选取合理稳重，略施明暗让空间更显立体丰富。

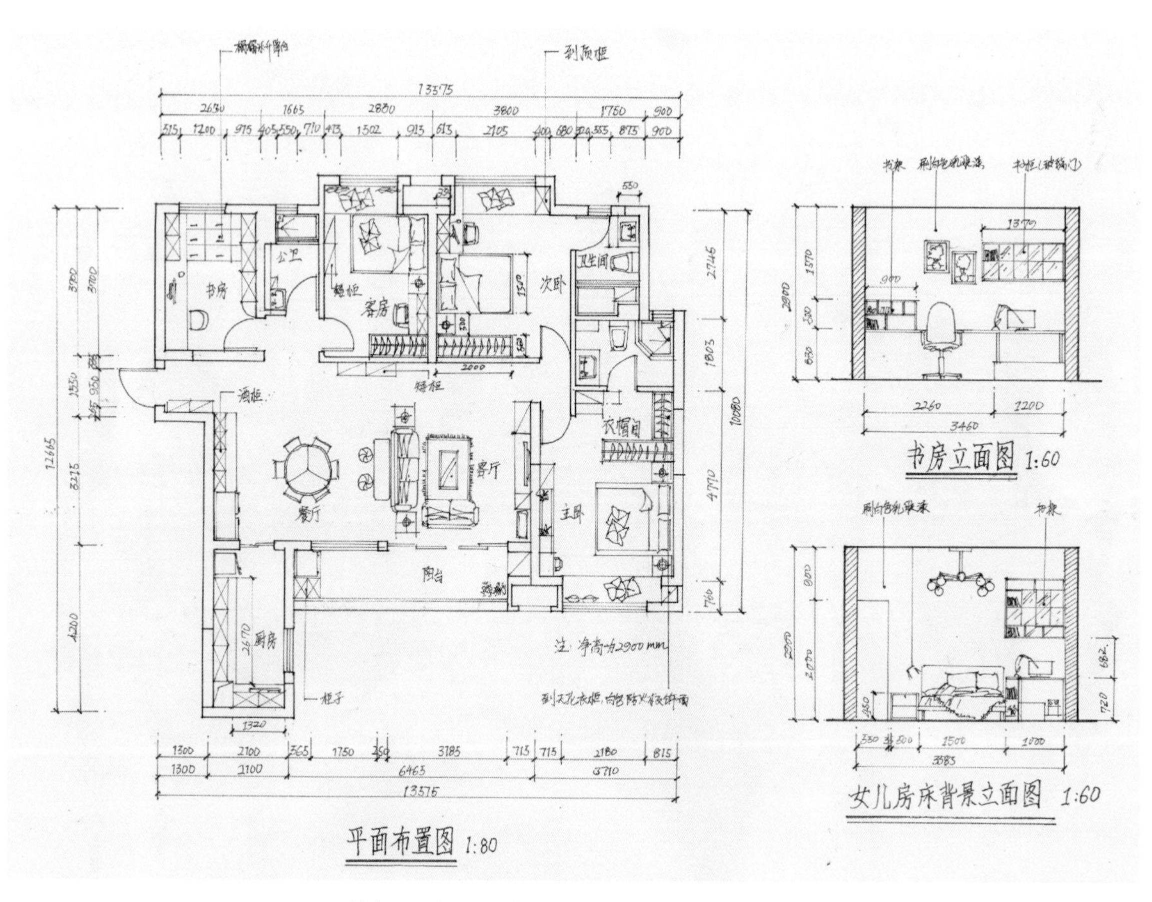

图 2-85　某家居空间平面布局及立面构思手稿 1　作者：郭紫晴

图 2-86　客厅、餐厅空间效果手稿 1　作者：郭紫晴

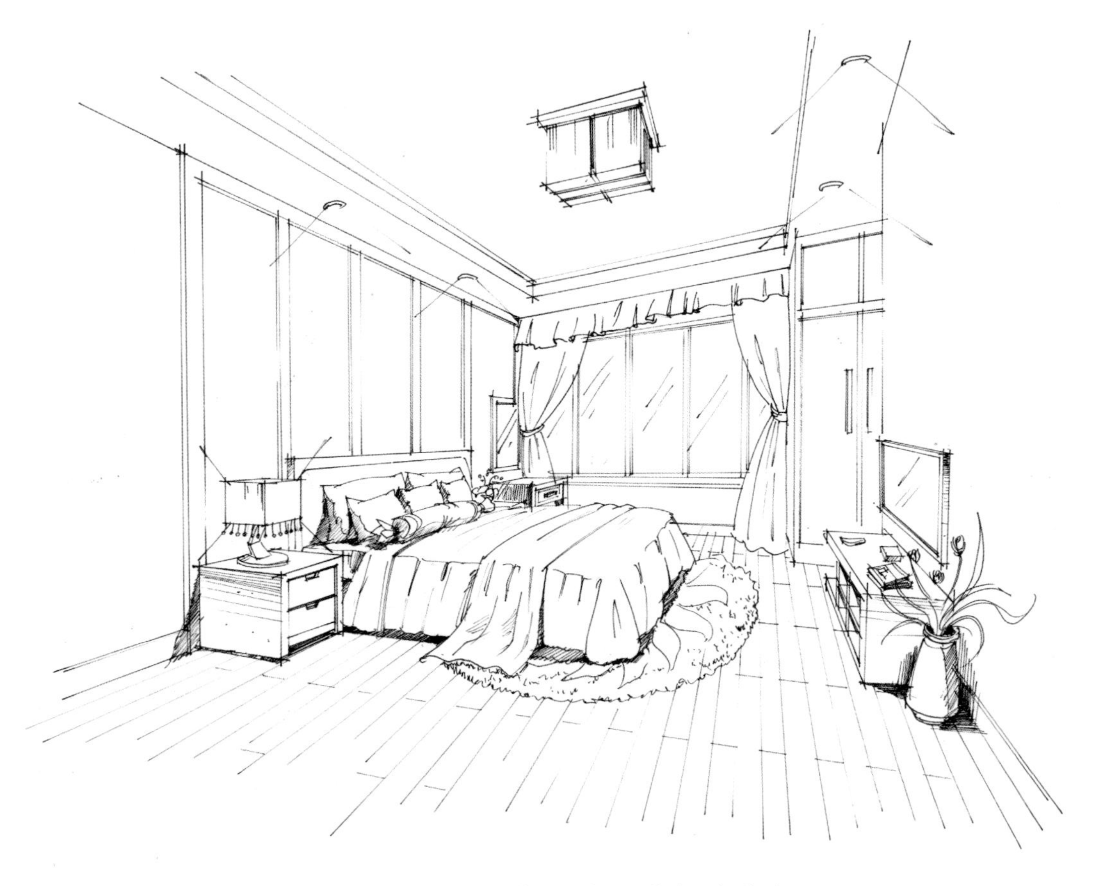

图 2-87　卧室空间效果手稿 1　作者：郭紫晴

图 2-88~ 图 2-90 所示的这套空间设计作品整体线条秀气工整，没有多余的明暗表现，家具造型细致，质感明朗，别有一番清新的味道。

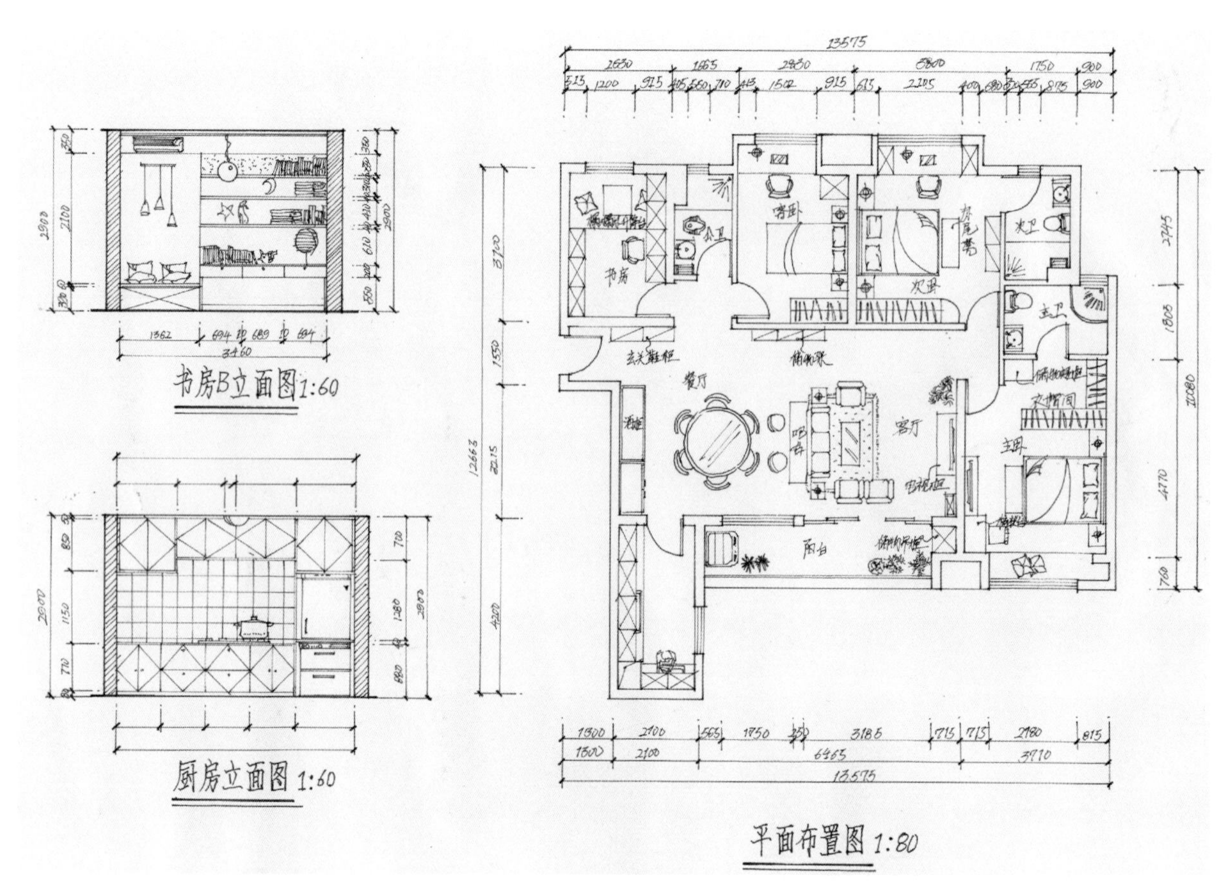

图 2-88　某家居空间平面布局及立面构思手稿 2　作者：卓春虹

图 2-89　客厅、餐厅空间效果手稿 2　作者：卓春虹

图 2-90　卧室空间效果手稿 2　作者：卓春虹

图 2-91~ 图 2-96 所示的这套作品对每一个空间的把握都很好，表现力强，选角讲究，尽管在设计上还值得推敲，但在表现相对复杂的场景空间中能从不同角度去表现一个空间是很值得借鉴的。

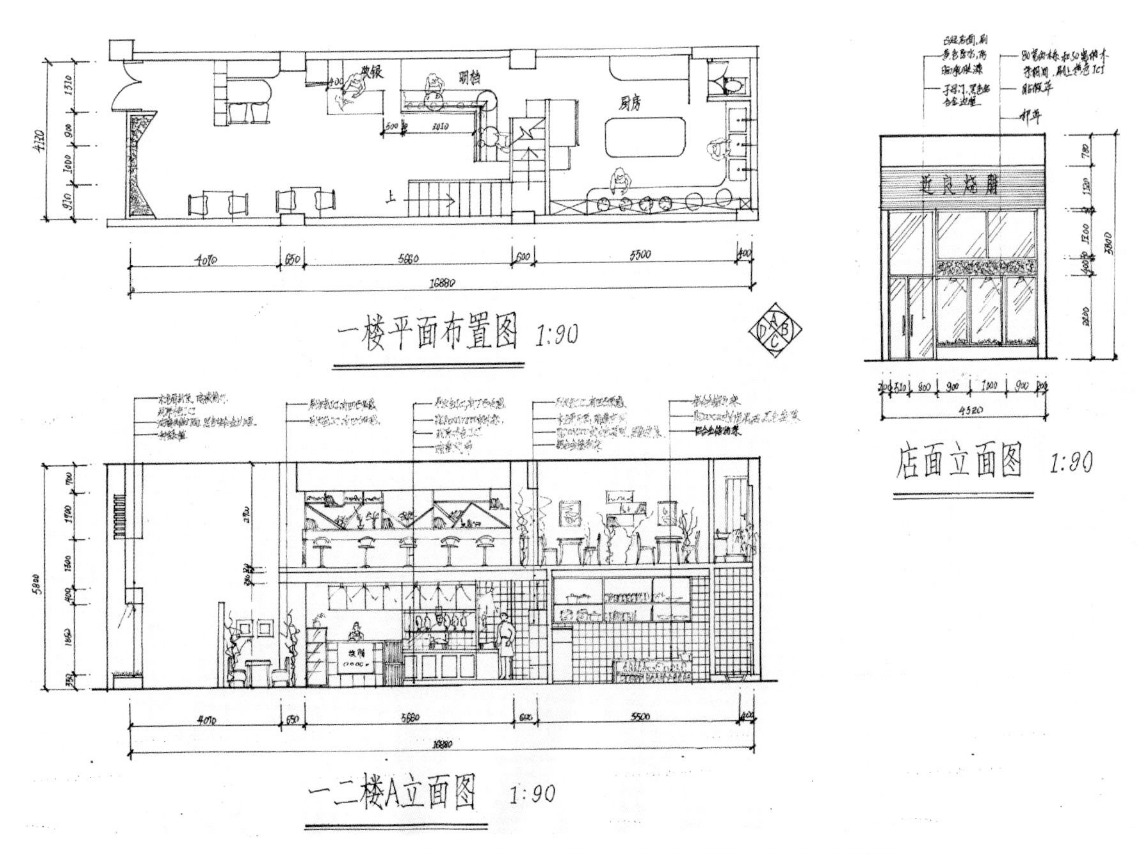

图 2-91　某餐饮空间平面布局及立面构思手稿　作者：谢佳丽

图 2-92　餐饮空间手稿 1　作者：谢佳丽

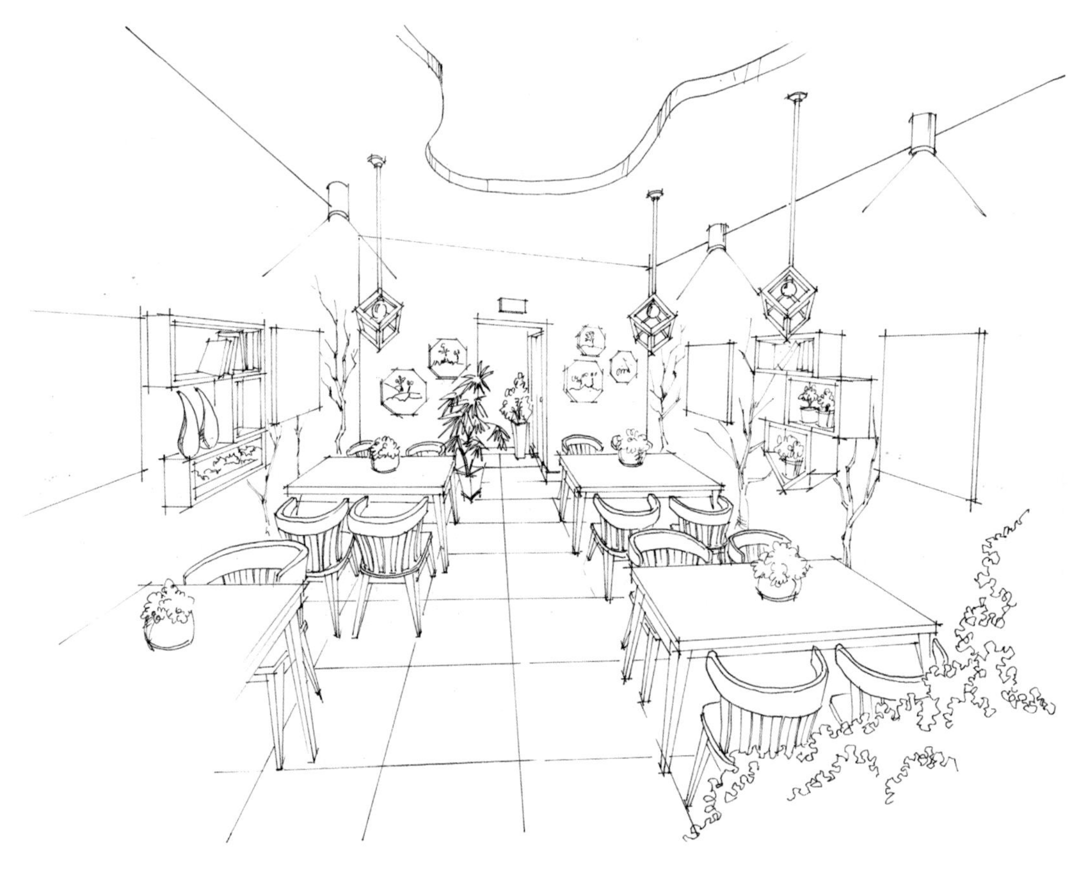

图 2-93　餐饮空间手稿 2　作者：谢佳丽

图 2-94　餐饮空间手稿 3　作者：谢佳丽

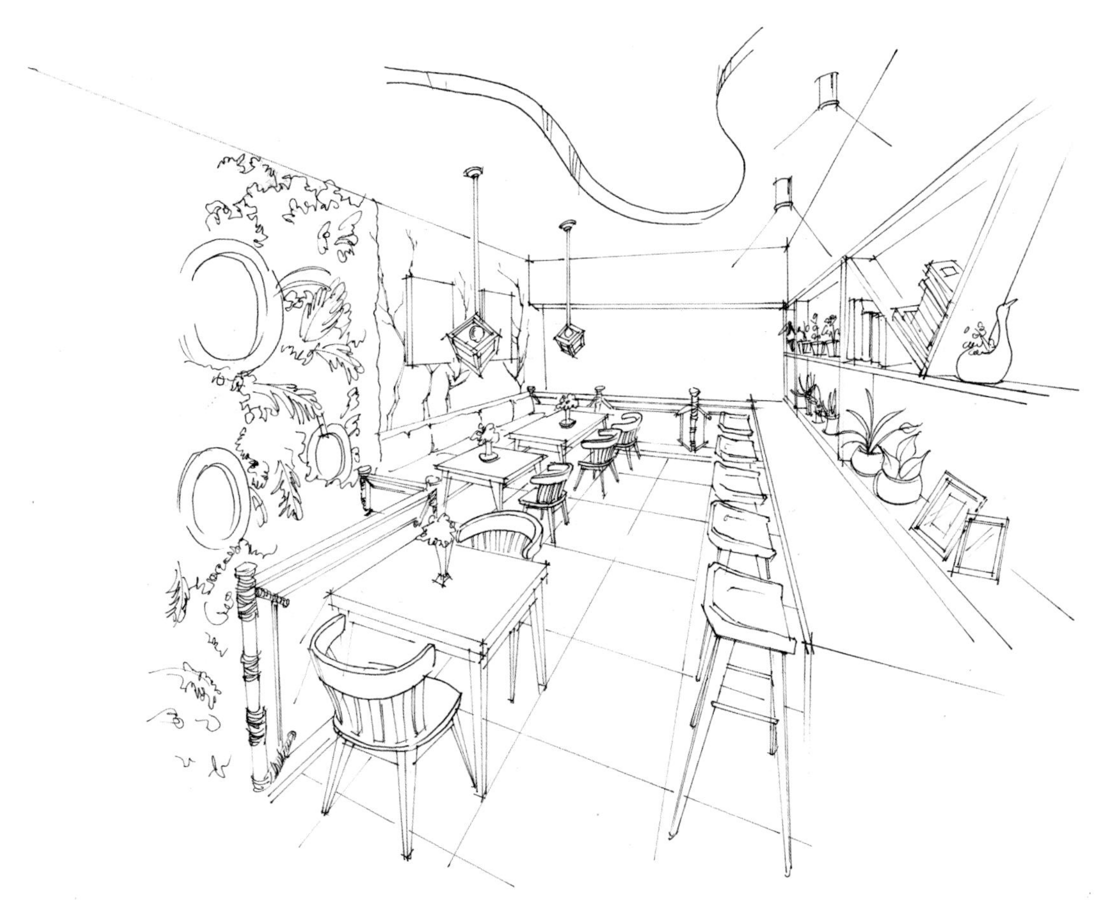

图 2-95　餐饮空间手稿 4　作者：谢佳丽

对家居饰品的细致刻画能让原本普通的空间变得丰富起来。

图 2-96　卧室空间效果手稿 3　作者：谢佳丽

图 2-97 所示作品对投影的强化与天花线条及造型的弱化形成了很强的对比关系。

图 2-97　客厅、餐厅空间效果手稿 3　作者：梁识宇

图 2-98 所示作品角度选取独特，考验空间透视基本功，同时娴熟的线条让作品更显活泼和更富欣赏价值。

图 2-98　餐饮空间手稿 5　作者：王鑫垚

图 2-99 所示作品线条造型干脆简练，这是在构思空间草图阶段最有效途径之一。

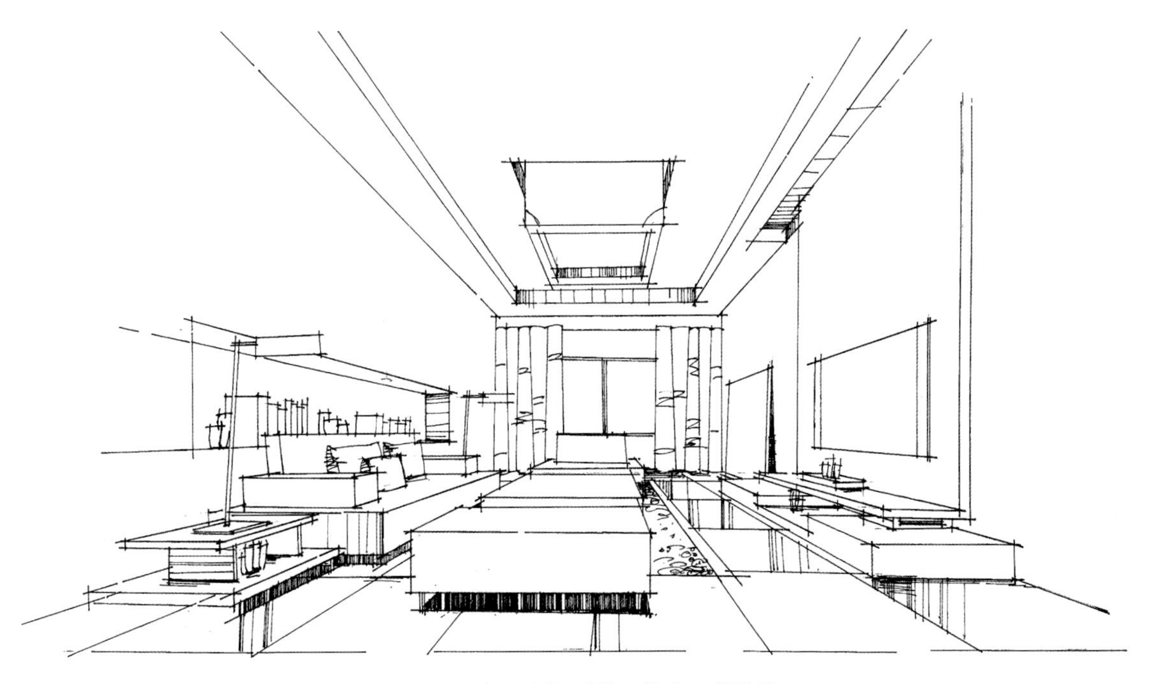

图 2-99　客厅空间手稿　作者：林进笋

作业练习

在进行透视空间的练习中，开始可忽略细节，把大体的透视空间快速表达出来，熟练其家具定位及尺寸感把握即可。图 2-100 是用线条快速表现透视空间的练习作品，请参考练习。

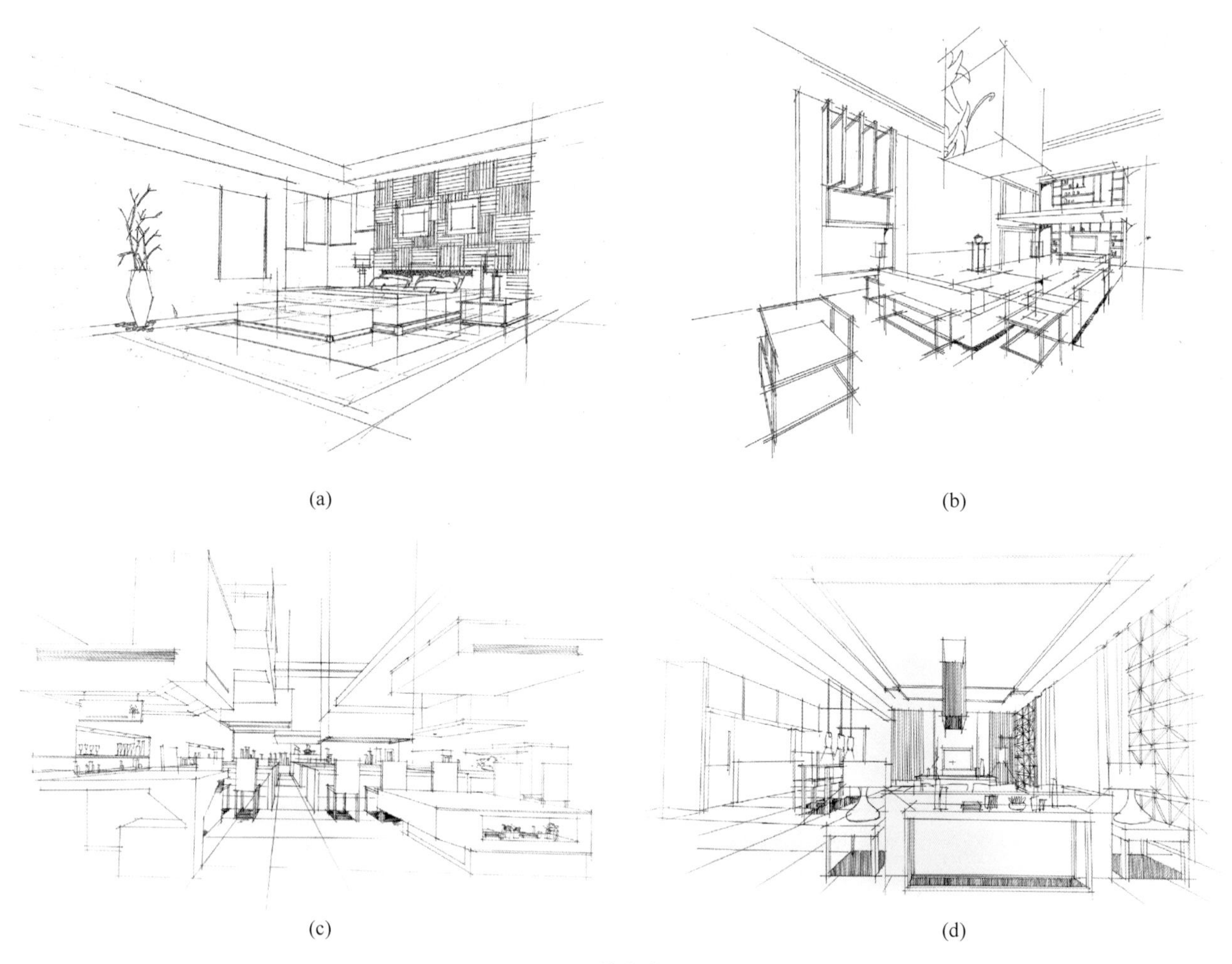

(a) (b) (c) (d)

图 2-100 线条练习空间

模块 3

空间色彩与表现

学习导语

本模块主要为空间色彩表现，使用工具为马克笔和彩铅。学习过程中需要进行大量的上色练习，以便掌握马克笔的用笔特点，并结合明暗与色彩关系的规律进行物体材质的刻画和整体空间色彩的表现。值得注意的是，在进行上色过程中一定要正确理解灯光对各个空间区域的变化和影响。

任务 1　学习马克笔材质表现

模块 1 曾介绍过线与材质的表现和练习。在本任务中，我们将表现层次提高，增加色彩效果。马克笔着色简便，着色速度快，容易出效果，因此常作为表现室内色彩效果的主要工具。由于工具使用的不同，相关的表现技法也有所不同。马克笔有油性和水性之分，下面重点对油性马克笔的使用和相关材质表现做介绍和演示。

（1）握笔：画竖线或画横线时都应该约 45° 握笔，如图 3-1 所示。

图 3-1　握笔

（2）用笔：关键点要果断，跟结构走，适当留白，同时要注意明暗及色彩对比，如图 3-2 所示。

（3）相关材质及家具部分表现如图 3-3~ 图 3-11 所示。

① 沙发上色应注意光感的自然过渡，色彩由浅到深去表现。

图 3-2 用笔

图 3-3 单体家具上色 1

图　3-3（续）

② 木质类家具保留高光的处理和纹理的刻画（可适当用彩铅增加其纹理）。

图 3-4　单体家具上色 2

③ 玻璃及金属类质感强调其高光对比，过渡不应过于柔和。

图 3-5　单体家具上色 3

④ 组合类家具上色时要注意主次的用笔，切忌平均化。

图 3-6 组合家具上色 1

⑤ 组合类家具除主次关系用笔外，还应考虑色彩搭配中的对比与协调关系。

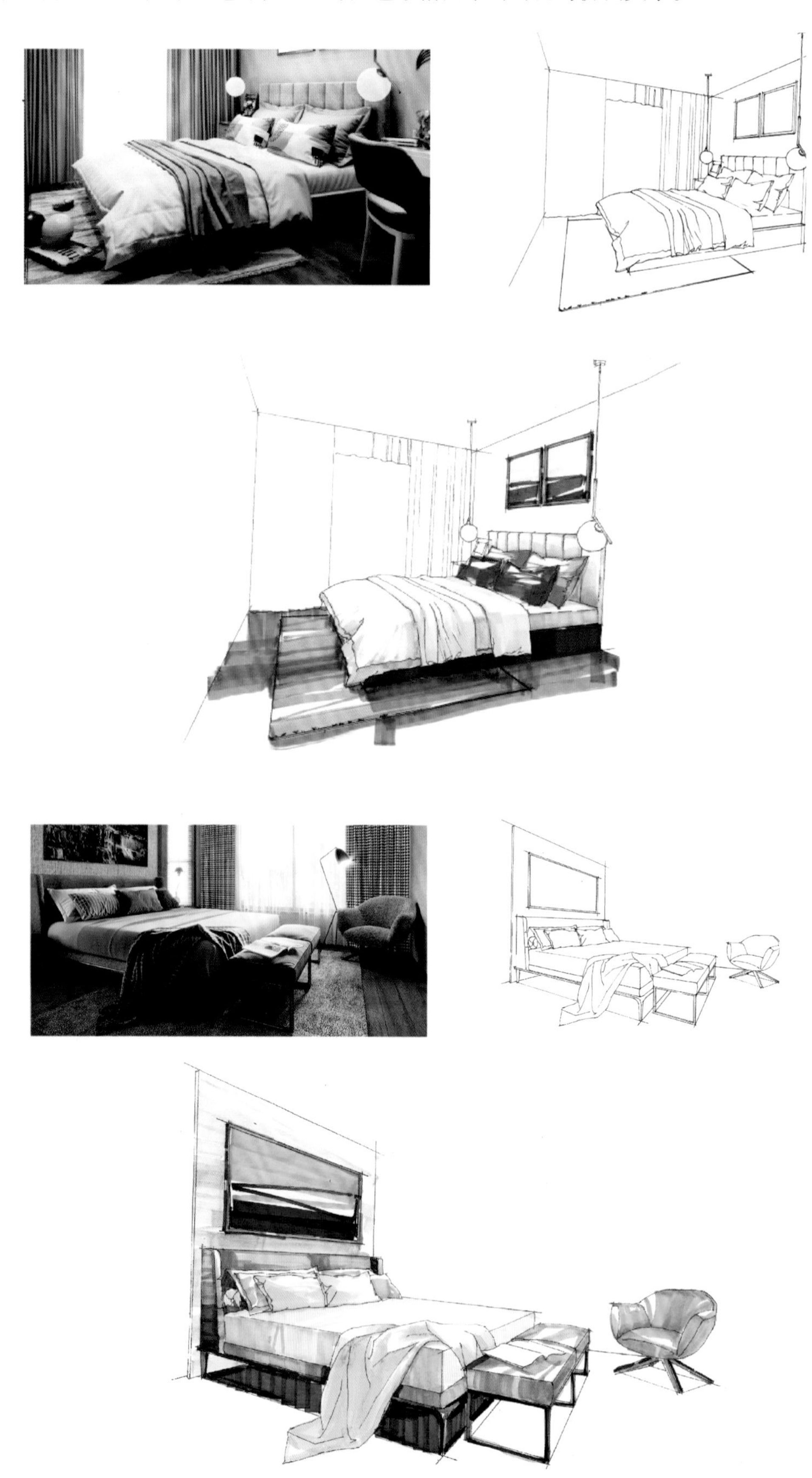

图 3-7　组合家具上色 2

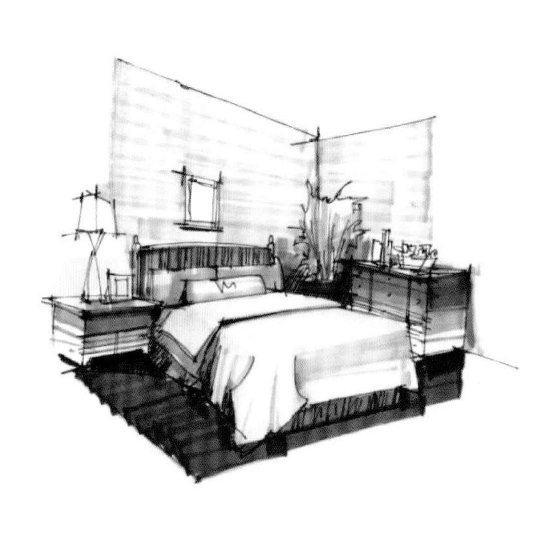

图 3-8 组合家具上色 3

⑥ 茶镜、瓷砖地面等的表现需注意其细微厚度的表现及高光的处理。

图 3-9 茶镜、软包、地面

⑦ 光感的处理需要留出光照射出来的形态，同时注意过渡变化。

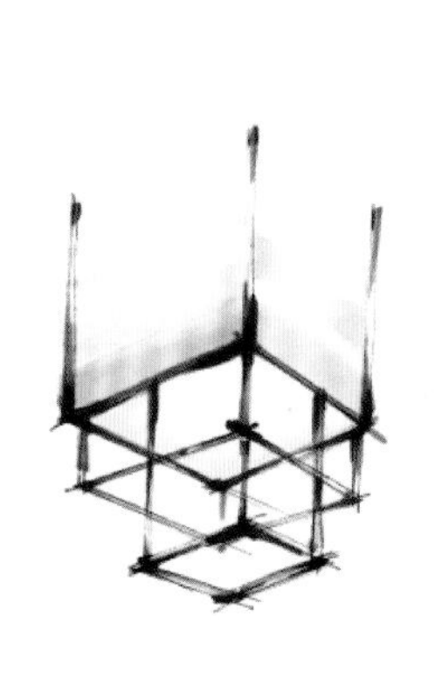

图 3-10 灯光及光域处理

⑧ 平面图中的家具上色在确定光源的基础上刻画出基本的亮面和暗面即可。

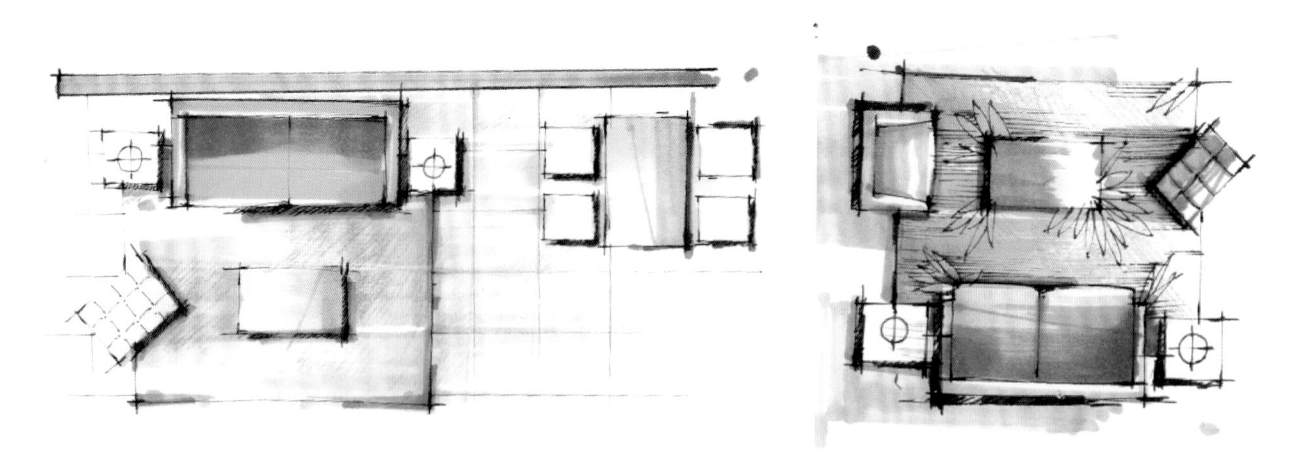

图 3-11 平面图中的家具上色

（4）平面图上色如图 3-12~ 图 3-15 所示。

平面图上色的要点如下。

（1）确定光源。要有一个总体光源方向，靠窗区更亮些。

（2）确定主次。平面图上色时无须每个空间都要求色彩表现，把重点的几个区域表达出基本明暗、色彩基调即可。

（3）色调考虑。用色尽量不超过三种颜色。

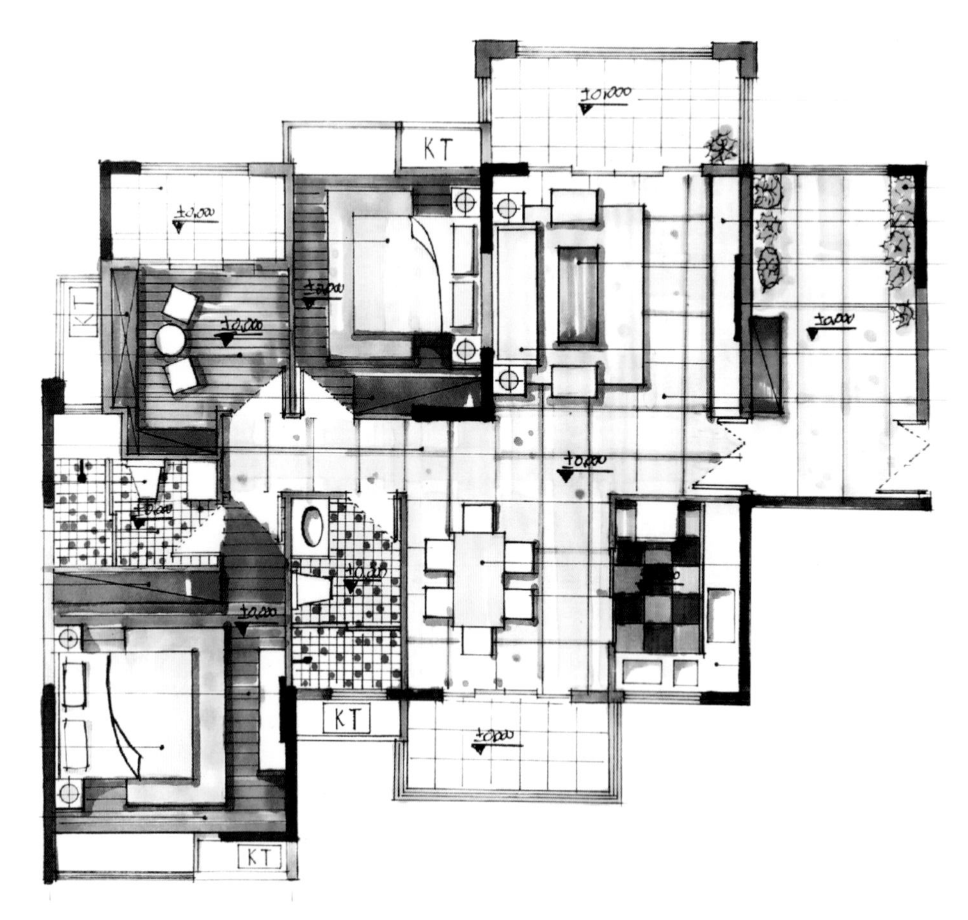

图 3-12 平面图上色 1

图 3-13 平面图上色 2

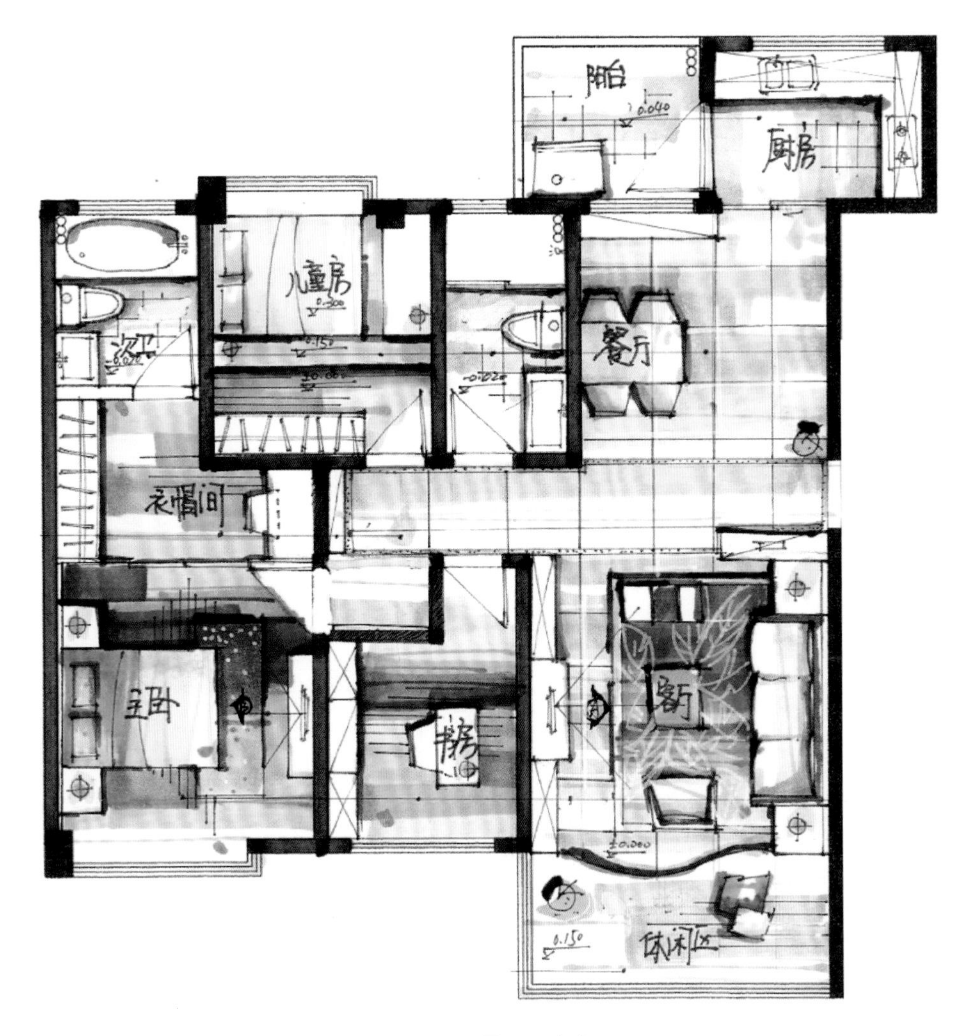

图 3-14 平面图上色 3

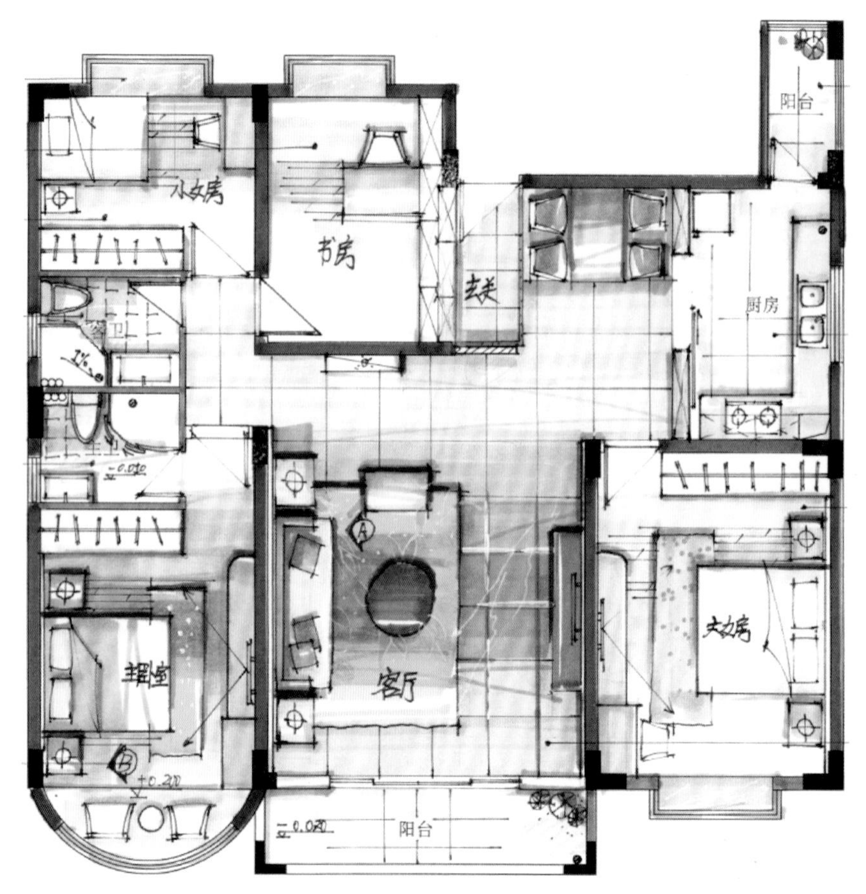

图 3-15 平面图上色 4

任务 2 学习马克笔空间表现

上色前，首先要考虑清楚画面的整体色调，再根据整体色调选择相应的笔号。图 3-16~ 图 3-18 所示为同一张图进行的不同色彩搭配。

图 3-16 原始图

其次要考虑画面整体的明暗关系，在表现材质及光感的同时，要注意主次、虚实关系的处理。马克笔

图 3-17　上色方案图 1　作者：陈春娜

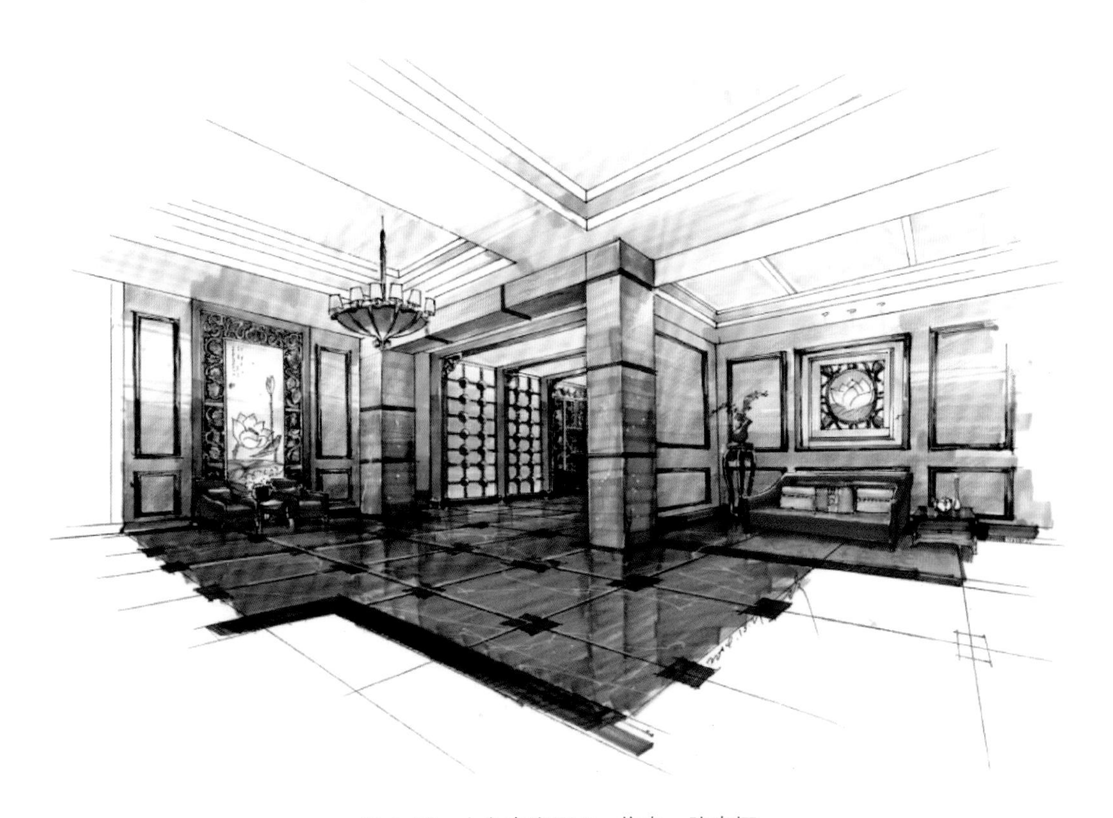

图 3-18　上色方案图 2　作者：陈春娜

其次要考虑画面整体的明暗关系，在表现材质及光感的同时，要注意主次、虚实关系的处理。马克笔表现风格多样，有相对传统些的，如整体色彩及明暗表现比较完整，注重光感、材质和空间氛围营造的，如图 3-19~ 图 3-21 所示；也有相对开放些的，强化明暗对比或色彩对比的，如图 3-22 和图 3-23 所示。

图 3-19　作品 1　作者：赵睿

图 3-20　作品 2　作者：佚名

图 3-21　作品 3　作者：沙沛

图 3-22　作品 4　作者：陈红卫

图 3-23　某知名设计公司手绘效果图

不管是哪一种，我们都需要了解和掌握其基本的上色技法。下面就使用马克笔和彩铅相结合的手法进行举例演示。

1）客厅篇

步骤 1：确定光源。室内、室外结合光源，其中主光源为室外光。上大调，从主要的沙发色调拉开，交代清楚结构明暗关系，顺势铺开地面基调，如图 3-24 所示。

图 3-24　步骤 1（客厅篇）

步骤 2：确定主色调及主要用笔方式。从沙发和地面的关系确定两个墙面的主要色调，同时用笔尽量快速、整体，勿拘于小节，通过观察整体色调及明暗下笔，如图 3-25 所示。

图 3-25　步骤 2（客厅篇）

步骤 3：主体细致刻画，重点表现材质质感及空间光感。把家具色全面铺开，同时要注意光感的体现，物体受光区要适当留白，如图 3-26 所示。

图 3-26 步骤 3（客厅篇）

步骤 4：完成灯光的处理，尤其要注意灯光对周边物体的影响表现。调整画面关系，把明暗对比及虚实对比拉开，注重空间色彩氛围的营造，如图 3-27 所示。

图 3-27 步骤 4（客厅篇）

2）卧室篇

步骤 1：铺开大调。从沙发背景墙着手，逐步向地毯及墙面铺开基本色调，此时光源主要以室外光为主，用笔要轻松、快速，如图 3-28 所示。

图 3-28　步骤 1（卧室篇）

步骤 2：在确定主色调的基础上进行家具主题的刻画，在设计时应推敲好沙发色调再上色，因为沙发色调决定着其他家具的用色，用笔时要注意室内灯光对家具的明暗影响，如图 3-29 所示。

图 3-29　步骤 2（卧室篇）

步骤 3：主体细致刻画，重点表现材质质感及空间光感。用笔过程要细致，尤其是明暗关系及冷暖关系的处理，如图 3-30 所示。

图 3-30　步骤 3（卧室篇）

步骤 4：调整画面，重点调整光效。室内及室外光的用笔力度要适中，如图 3-31 所示。

图 3-31　步骤 4（卧室篇）

下面是马克笔上色作品，如图3-32~图3-46所示。在欣赏的同时需要学习其中整体光感、色调、质感、对比关系等的处理方法。

（1）软包的过渡处理是难点之一，明确光源，自然过渡，保留亮面。

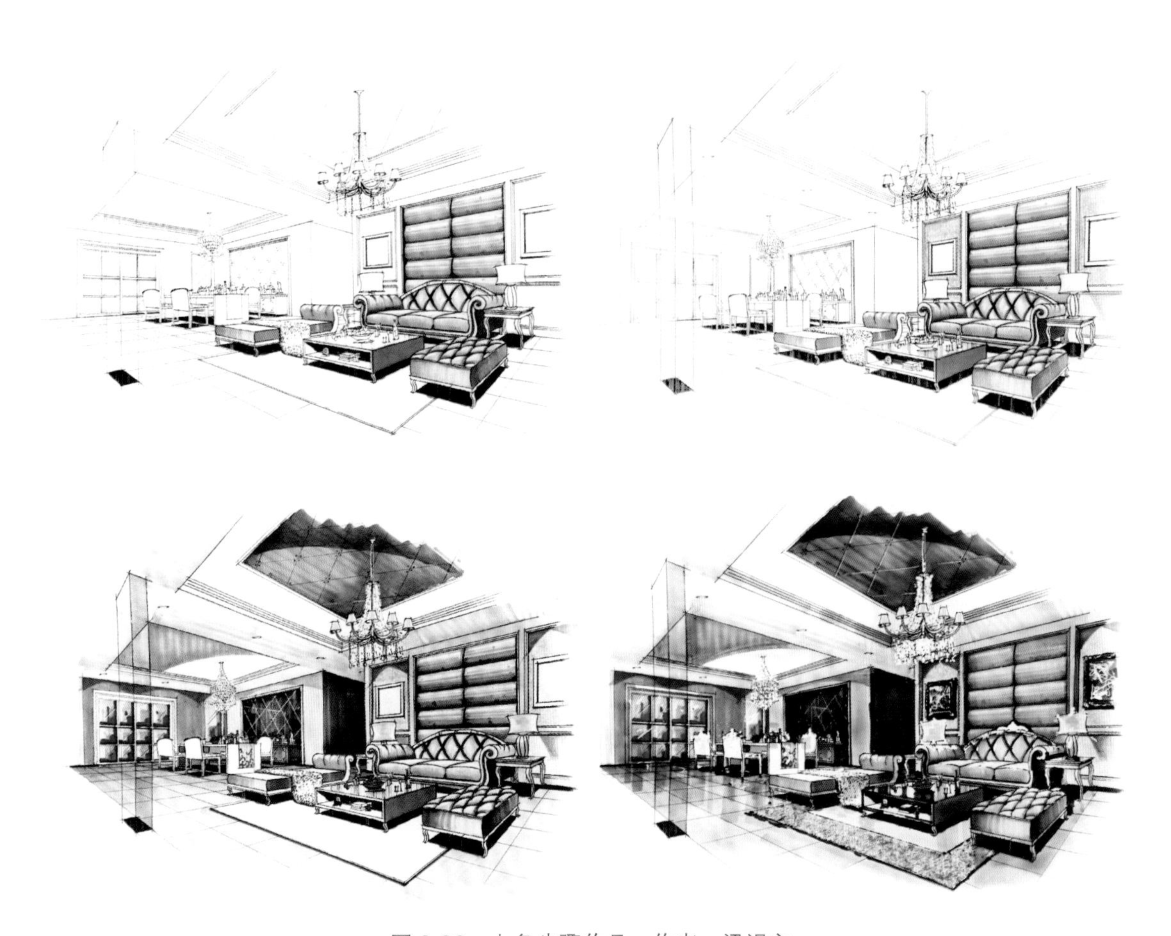

图 3-32　上色步骤作品　作者：梁识宇

（2）在快速表现空间色彩时，把背景墙的色彩强化出来也是技巧之一。

图 3-33　作品 1　作者：林进笋

（3）结合精简的线稿，色彩处理也可同样精简处理。

图 3-34 作品 2 作者：林进笋

（4）突出重点区域，其他可适当留白处理。

图 3-35 作品 3 作者：林进笋

（5）自然光与灯光对物体的影响效果，用笔肯定，细致的过渡可以使画面更有深度。

图 3-36　作品 4　作者：陈春娜

（6）带有图案的地面，需要对图案本身做一定的细节刻画，倒影的处理是保留其光滑质感的重要技巧。

图 3-37　作品 5　作者：陈春娜

（7）大胆留白可增加其艺术表现力。

图 3-38　作品 6　作者：吴子恒

（8）细致的线稿在上色中只需要淡淡地交代出基本色调即可。

图 3-39　作品 7　作者：陈金莲

（9）强化明暗对比效果，对深色木地板的处理起到一个很好的衬托作用。

图 3-40 作品 8 作者：陈金莲

（10）把灯光的影响放大在一定程度上能营造空间色彩氛围。

图 3-41 作品 9 作者：夏卉妍

（11）家具相对较多的空间上色时注意色彩的协调性，做好色彩比例分配。

图 3-42　作品 10　作者：吴倩婷

（12）草图阶段中的快速上色有时只需要对重点要表现的质感进行刻画即可。

图 3-43　作品 11　作者：吴倩婷

（13）用笔时要结合透视线进行，干脆利落，不拖泥带水。

图 3-44　作品 12　作者：梁晓敏

（14）带有丰富纹理的墙纸刻画时要注意墙纸本身细微的明暗过渡。

图 3-45　作品 13　作者：梁晓敏

（15）鲜艳的色彩在方案设计中通常很能抓人眼球，但要注意其色彩面积比例的使用，敢于大胆留白。

图 3-46　作品 14　作者：吴倩婷

模块 4

案例空间之设计表达

学习导语

学习技能主要是为了实践应用。同样地，在掌握了一定的徒手表现技能之后，最终要在具体的设计方案中体现出来，而这往往是初学者所欠缺的一点，其中，缺少实践的机会是主要原因。在笔者看来，如果你的徒手表现技能足够熟练，同时有较系统的设计理论知识及设计想法，就可以完成很多看似不可能的设计。如果再经过一段时间的社会历练，足够爱设计，能坚持，在室内设计领域一定能有所成绩。因此，本模块的重点在结合技能去表现设计想法，而对平面图的布局设计不做重点解释说明。

任务 1　学习简约风格

案例：为顺德某楼盘的四个户型做四套样板房设计手绘稿（客厅与卧室为主）。

设计背景：本楼盘为经济适用房，主要面对的客户群为年轻小夫妻或高级单身白领，经济条件一般的中年人士家庭也是目标群体之一。

设计要求：现代简约为主，经济实用，最好要有针对性。

1. 户型 1

户型 1 如图 4-1 所示。

主攻群体：单身白领。

设计主题：静与雅。

设计与绘制：罗翠姿、夏卉妍。

设计引导：以时尚元素为主，界面设计尽可能简单大气，同时又有细节上的体现，重点是家具的选择及绘制上要有一定的新颖度。

元素选取：具有现代感的菱形图案。

色彩考虑：白（主调占 60%）、蓝（配调占 25%）、金色及咖啡色（点缀占 15%）。

设计作品如图 4-2 和图 4-3 所示。

2. 户型 2

户型 2 如图 4-4 所示。

主攻群体：年轻小夫妻。

设计主题：青春岁月。

设计与绘制：陈金莲。

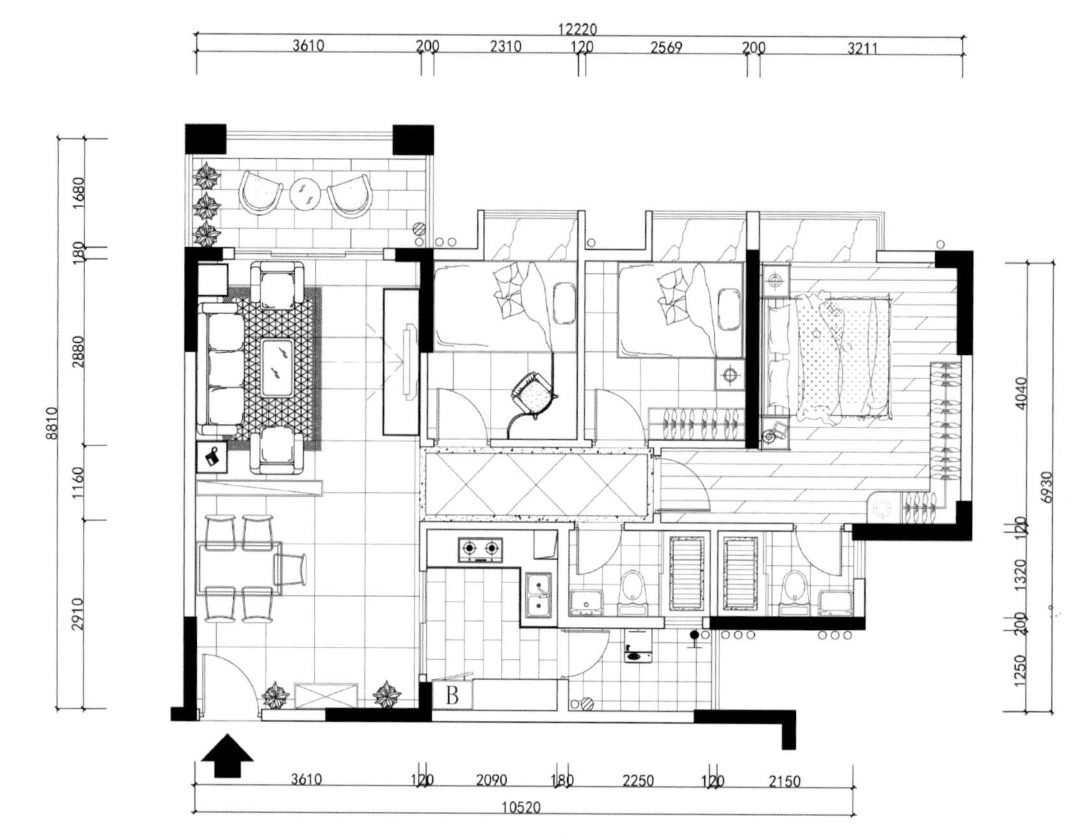

图 4-1 户型 1 图

图 4-2 设计图作品 1（户型 1）

图 4-3　设计图作品 2（户型 1）

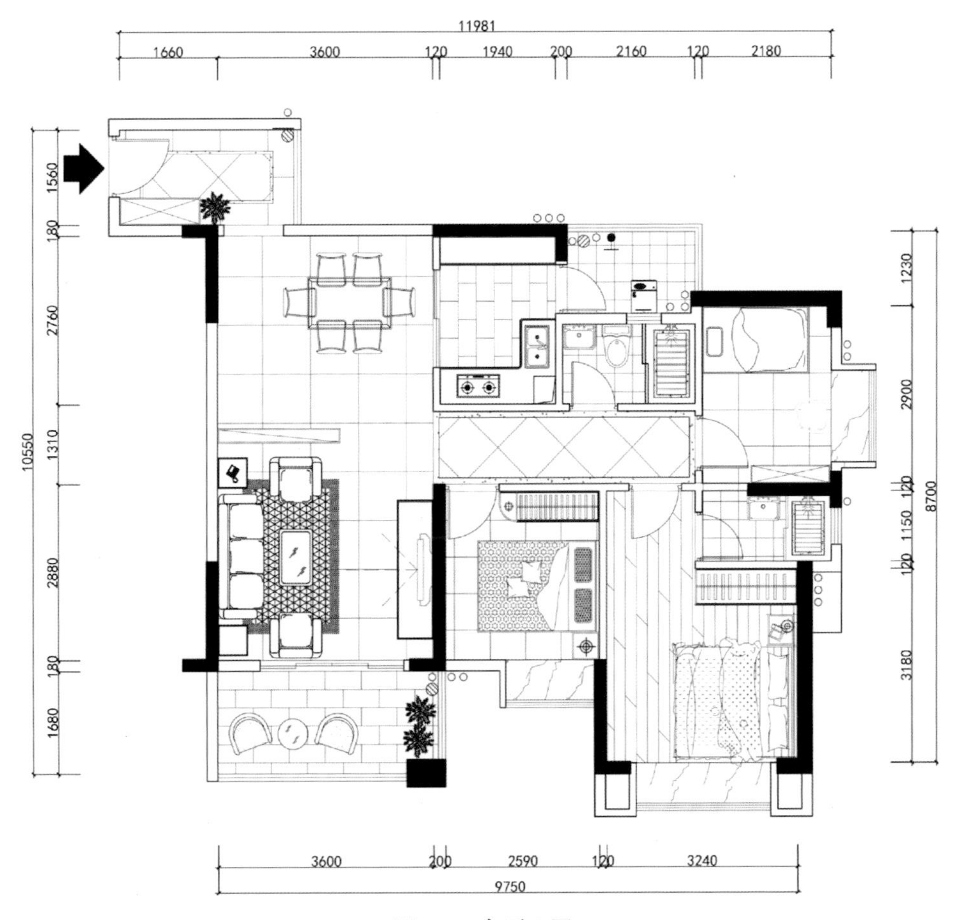

图 4-4　户型 2 图

设计引导：以时尚元素为主，界面设计尽可能活泼，充满生气，但又不显低俗，注重细节，尤其注重卧室的设计，要有温馨和安全感。隔断要满足美观与实用功能，最好灵活、可随时移动，不会因为朋友聚会而引起空间急促感。

元素选取：色彩营造空间、珠帘与挂画。

色彩考虑：浅灰（主调占 60%）、鹅黄（配调占 25%）、绿色和红色（点缀占 15%）。

设计作品如图 4-5 和图 4-6 所示。

图 4-5　设计图作品 1（户型 2）

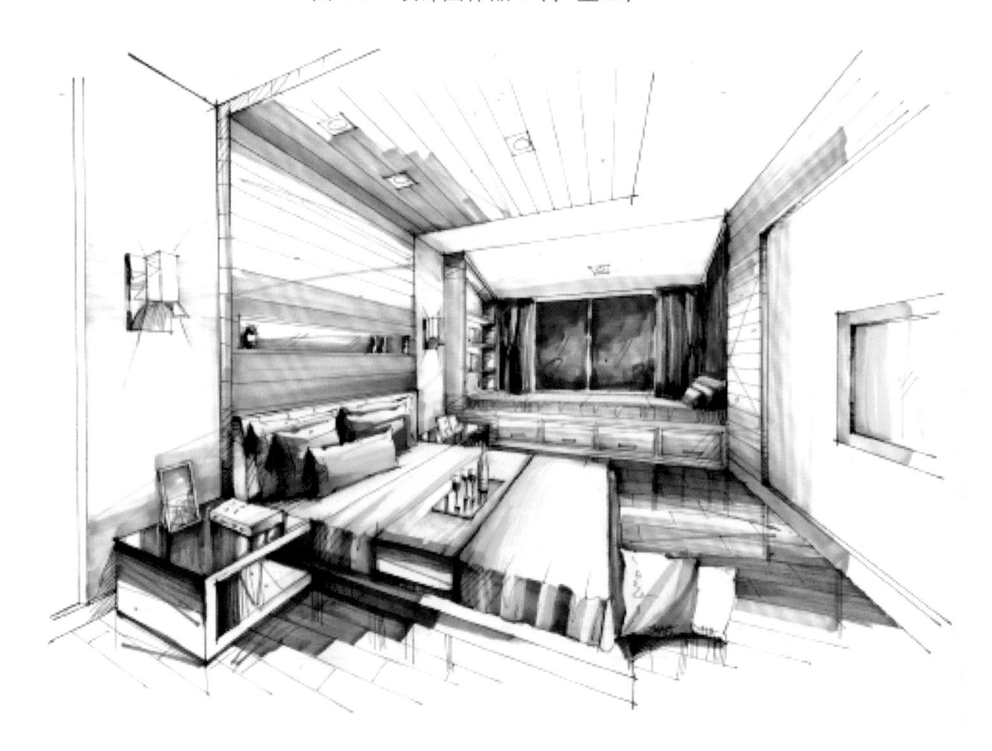

图 4-6　设计图作品 2（户型 2）

3. 户型 3

户型 3 如图 4-7 所示。

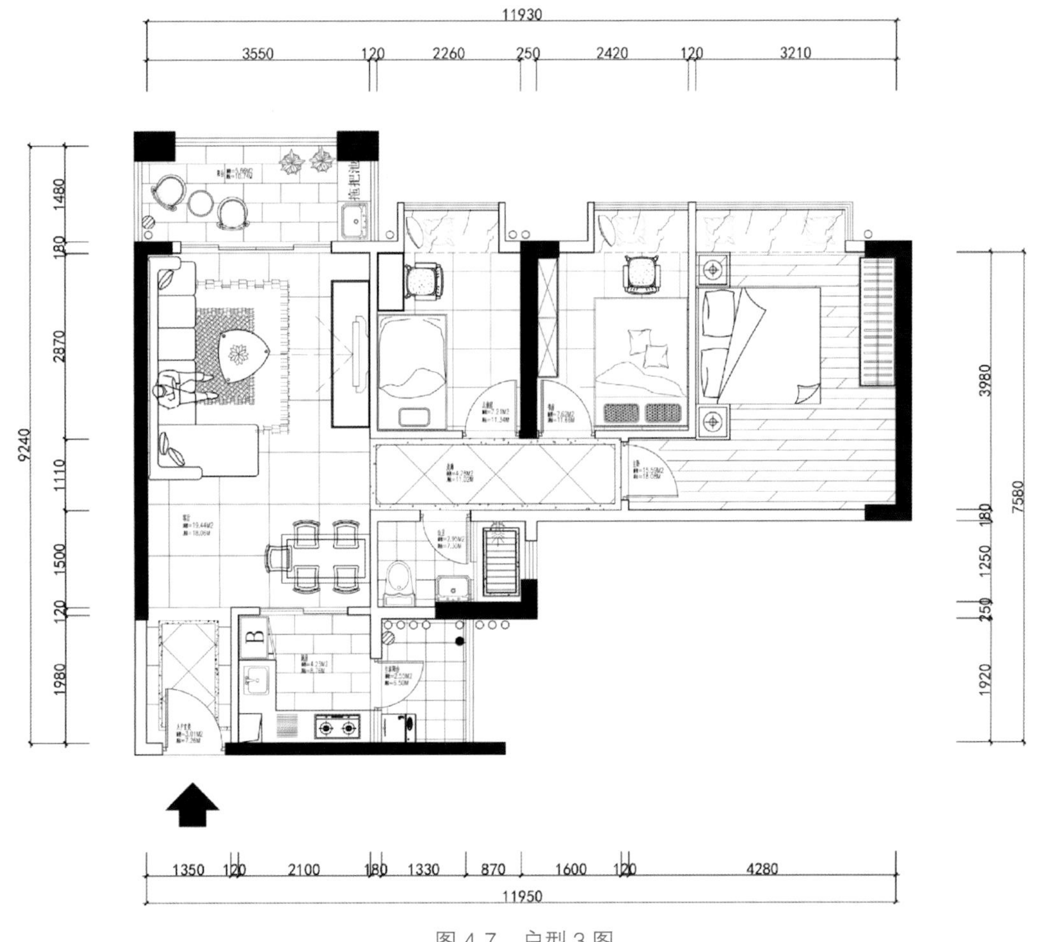

图 4-7　户型 3 图

主攻群体：年轻小夫妻。

设计主题：春天来了。

设计与绘制：李美缘。

设计引导：围绕年轻人中流行及喜好的话题“小清新”而诞生的设计想法。重点是要让人走进空间就能感觉到清新感。虽然绿植是必不可少的一个元素点，但在设计中应考虑摆放和设计。同时应考虑线条对空间起到的生动作用，偏暖色的基调也是必不可少的，家居空间大多应以暖色为主，不应清新而缺乏温暖感。

元素选取：线条（隔断及茶镜造型，植物自然垂落的线型）、绿植、花卉、枫木饰面造型隔断、浅土黄色乳胶漆、茶镜等。

色彩考虑：浅土黄色墙面、白色沙发、浅灰绿色电视背景墙及绿植。

设计作品如图 4-8 和图 4-9 所示。

4. 户型 4

户型 4 如图 4-10 所示。

主攻群体：中年人士家庭。

设计主题：浅咖格调。

设计与绘制：黄栋坤。

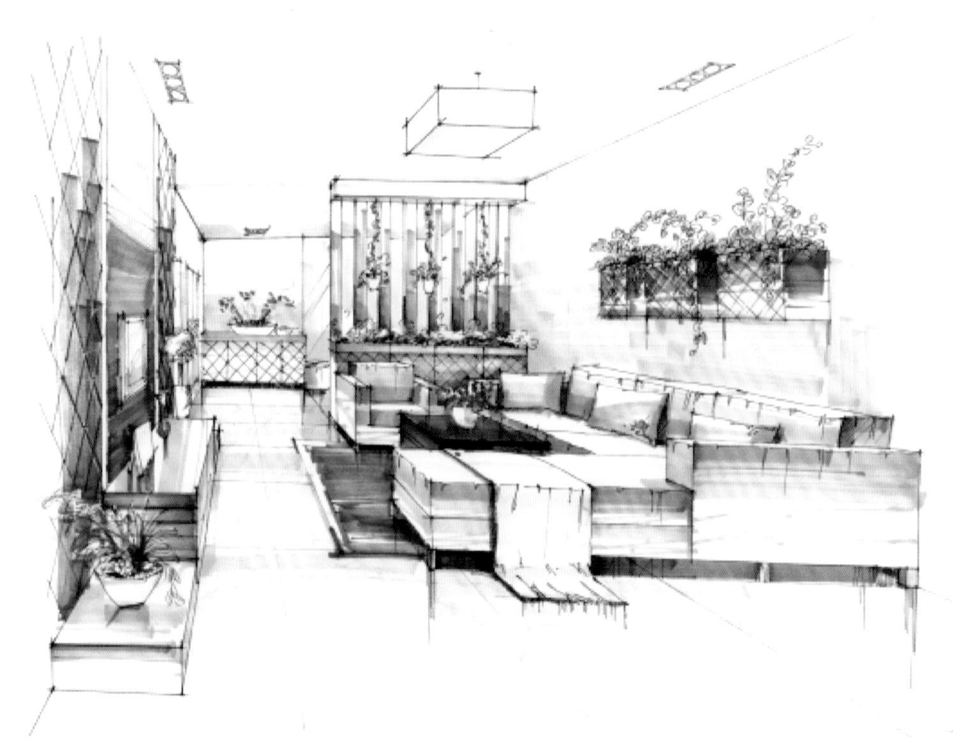

图 4-8 设计图作品 1（户型 3）

图 4-9 设计图作品 2（户型 3）

设计引导：界面空间避免花哨，以整体、大气、简洁为主，色调应相对沉稳些，适当注重餐厅的设计，可将餐厅与客厅作为一面墙去设计，让并不大的空间看起来比较大气，线条及造型要统一。

元素选取：胡桃木、点线面、特色挂画。

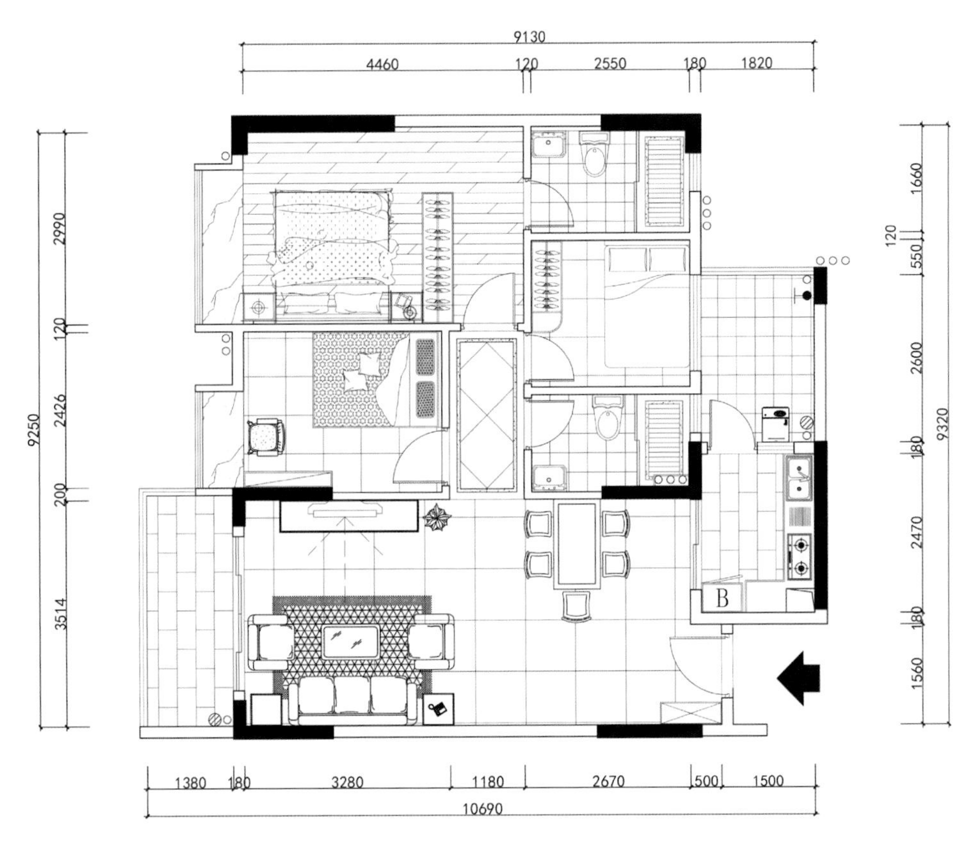

图 4-10 户型 4 图

色彩考虑：白色（墙面）、灰色（地面）、浅胡桃木色背景墙及咖啡色沙发。

设计作品如图 4-11 和图 4-12 所示。

图 4-11 设计图作品 1（户型 4）

图 4-12　设计图作品 2（户型 4）

作业练习

可任选以上四个户型中的一个进行某主题性的空间设计，并徒手快速表现出来，重点表现空间为客厅与卧室。

任务 2　学习中式风格

案例：广东省中等职业技术学校建筑装饰快题设计项目竞赛训练题。

设计背景：该住宅的户主为一对老夫妻，50 多岁。男主人爱好读书，喜好中国传统文化及书画，女主人喜好文艺，有一女儿外出工作，平均每月回来探望父母一次。

设计要求：

（1）要求有一个书房和适当的景观设计，温馨，空间不杂乱，现代中式最佳。

（2）房内净高 2.7m，除建筑结构、淋浴位置、大门及窗户外，其余内墙可根据设计需要进行合理调整。

（3）室内空间至少需包含二厅（客厅和餐厅）、二房（主卧及客房）、厨房和浴间。

设计表现图如图 4-13~ 图 4-15 所示。

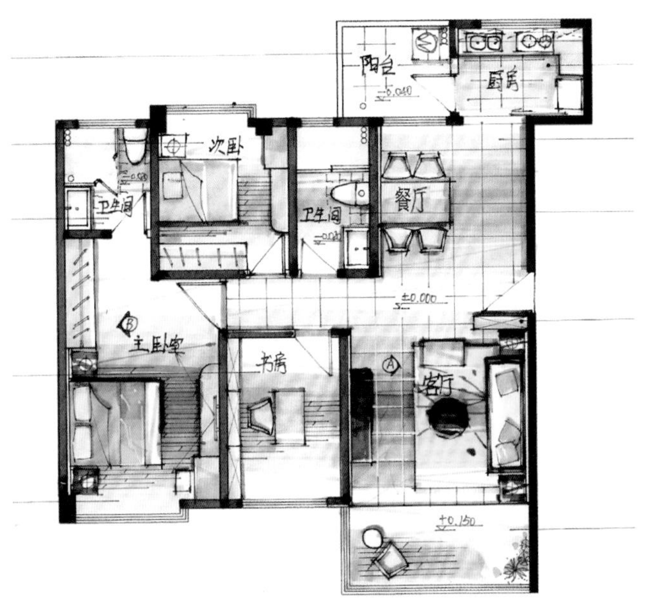

图 4-13　平面布局图

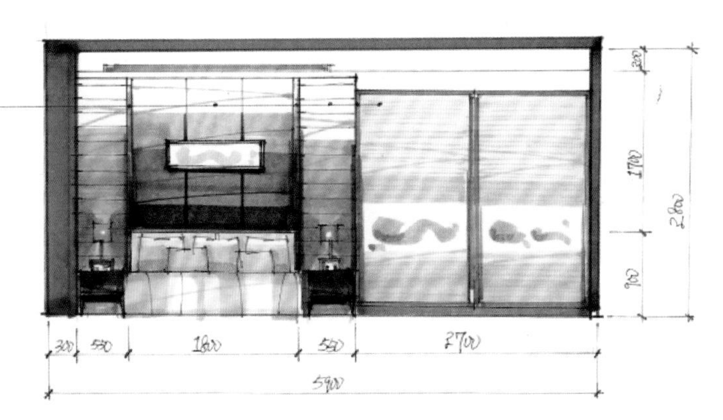

图 4-14　立面图

图 4-15　客厅效果图

作业练习

（1）中式风格的设计元素有哪些？现代中式与传统中式有何不同？

（2）收集并徒手绘制这些元素。

（3）自己找寻一个平面空间，试着对这些元素进行运用和设计。

任务3 学习欧式风格

案例：坚美森林湖26栋04户型快题设计训练题。

设计者：陈仙妮。

设计背景：该住户为一对夫妇，50岁左右，男主人喜欢看书阅读，喜爱养鱼，女主人喜爱文艺、钢琴，有一对儿女，儿子外出工作，不常回家，女儿读高中，平均每个星期回来一次。

设计要求：

（1）要求有一个书房/多功能房和适当的休闲空间，温馨，空间布局工整，简欧最佳。

（2）房内净高2.85m，除了建筑结构、卫生间位置、大门以及窗户外，其余内墙可以根据设计需要进行合理调整。

（3）室内空间至少需要包含二厅（客厅和餐厅）、四房（主卧、次卧、客卧及书房/多功能房）、厨房和卫生间。

设计表现图如图4-16~图4-19所示。

图4-16 平面布置图

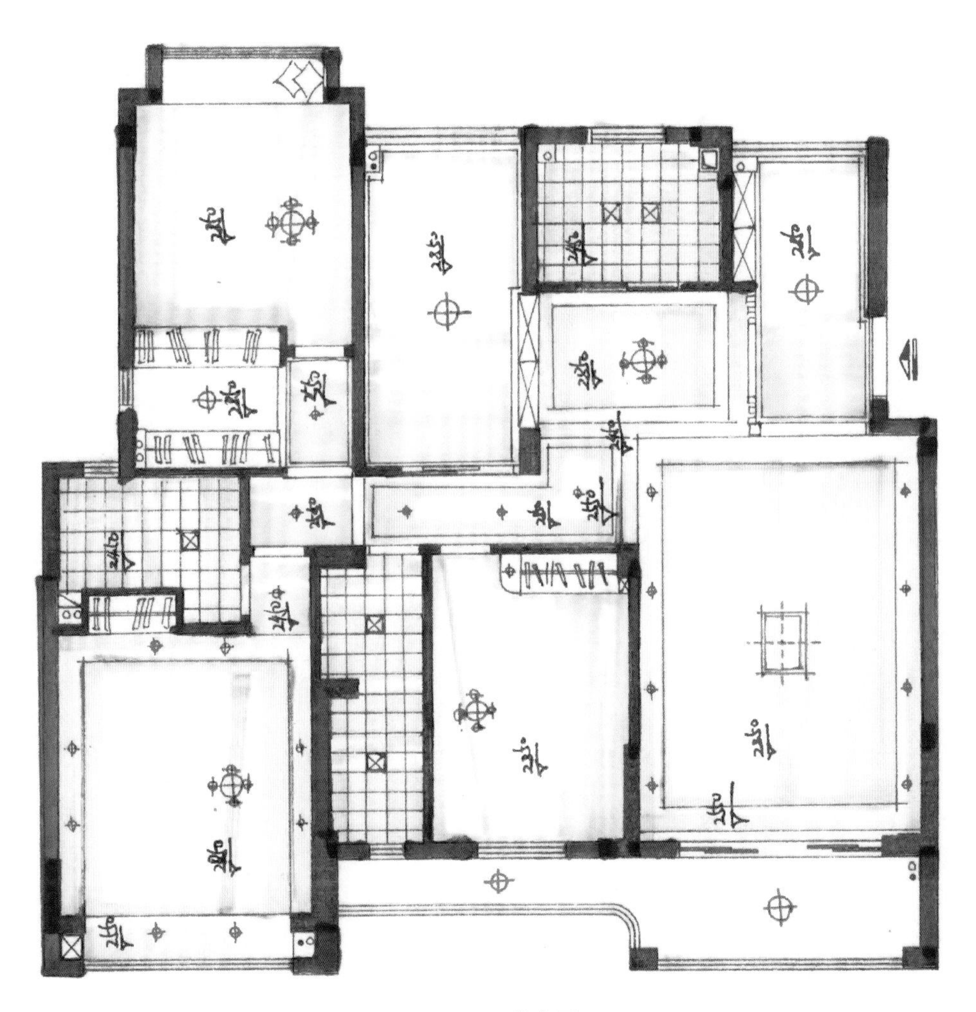

图 4-17　天花布置图

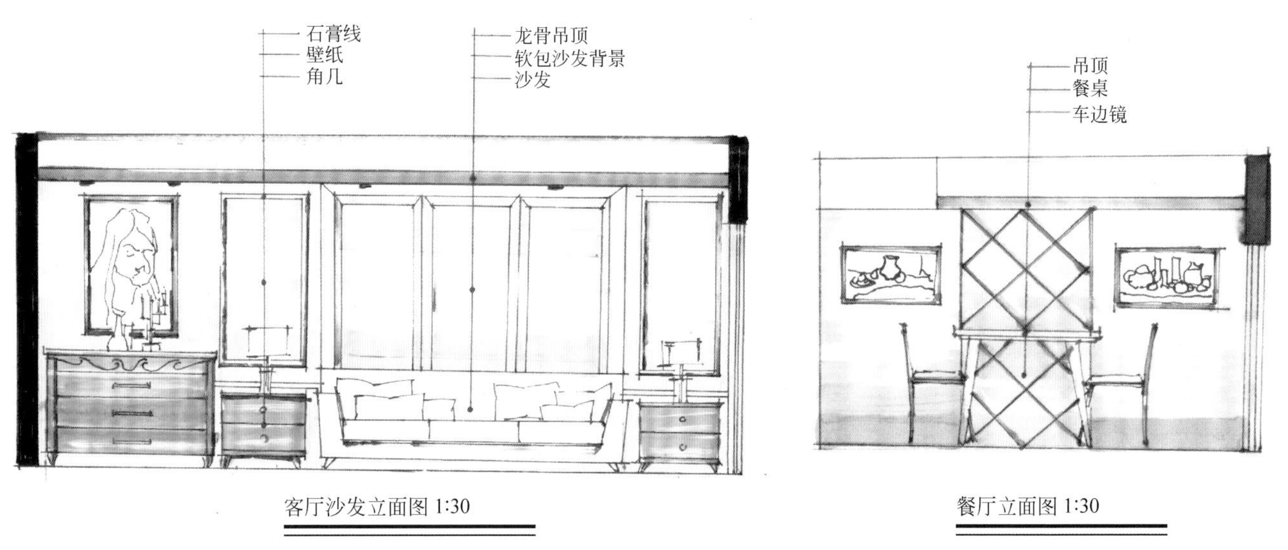

图 4-18　主要立面图

图 4-19　卧室效果图

作业练习

（1）简欧风格的设计元素有哪些？传统欧式风格与简欧风格的不同之处有哪些？

（2）收集并徒手绘制这些元素。

（3）根据已知的平面空间，尝试对收集的元素进行运用和设计（如某客户家居装修方案）。

任务 4　赏析设计表达方案

案例：江阴某楼盘复式设计。

设计者：岑志强。

设计要求：

本案例是江阴最大的楼盘某复式户型的实战案例，户主要求营造中式氛围的环境。

（1）一层客厅、楼梯与茶室位置原建筑空间较小，本案例将楼梯向卧室方向移动（从③ -D 移到③ -E），腾出茶艺与客厅的联系空间，并与餐厅形成一个互通的大空间。

（2）茶艺室与楼梯处造一水帘与水渠，并连通餐厅，主通道中间设有石板桥（③④ -EF），营造出中式园林水景空间。

（3）客厅顶部是二楼的露天花园，将其开一个景观式透明玻璃顶棚，以弥补一楼客厅与楼梯处的照度不足。

（4）二层将原有建筑主卧室入口（③④ -F）改到主卧起居室（③ -D），使主卧形成私密、独立的特定空间，并便于主人到健身房、工作室和露天花园，形成典型的共享与隐秘的分割空间。

（5）二层露天花园设有景观式瀑布 (②③ -D)，水源与一层楼梯处水帘相连，既满足了花园的灌溉、降温，又形成了以水为主题的中式氛围环境。

平面图如图 4-20 和图 4-21 所示。设计草图如图 4-22 和图 4-23 所示。

效果图如图 4-24~ 图 4-26 所示。

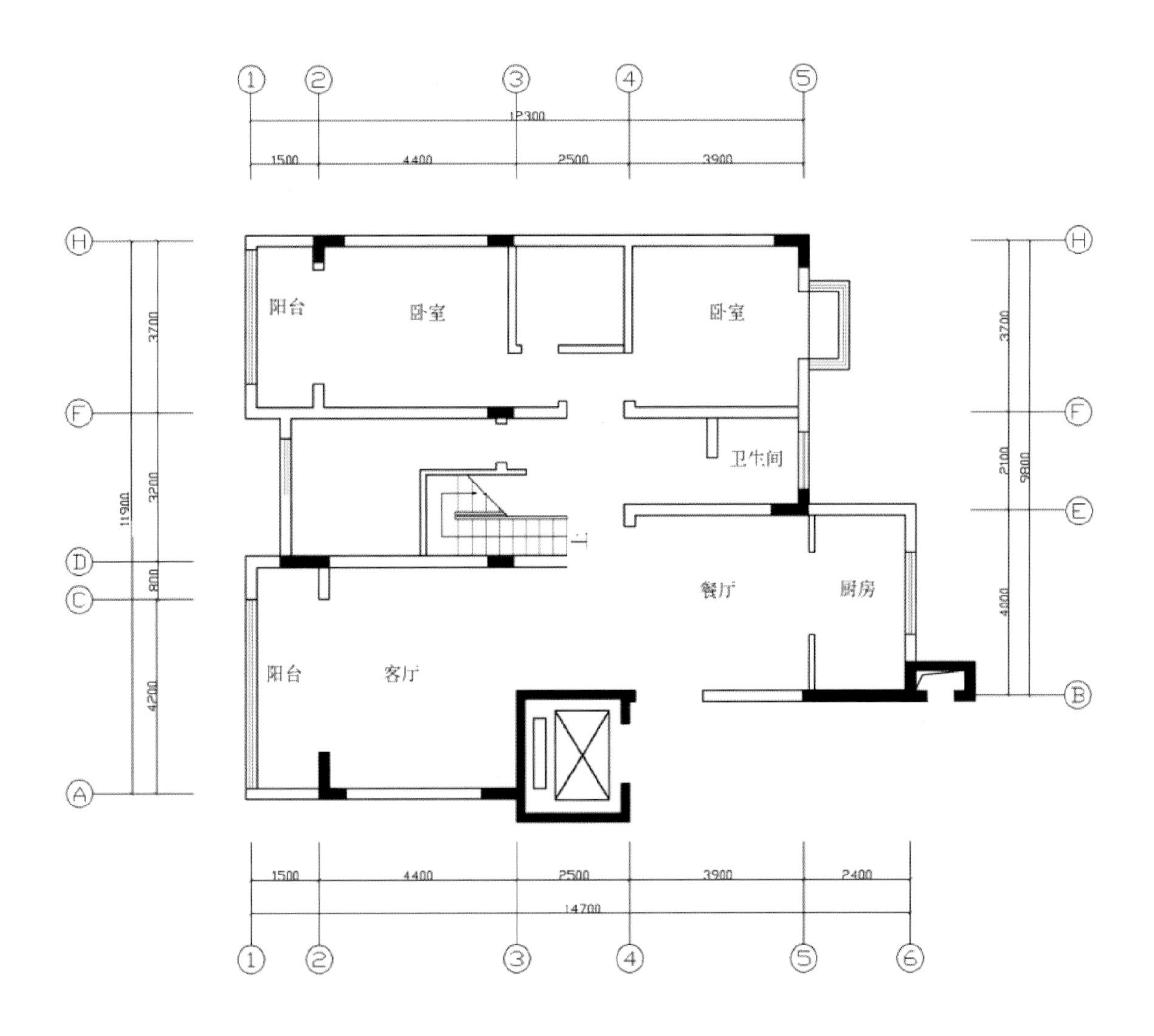

图 4-20　平面图 1

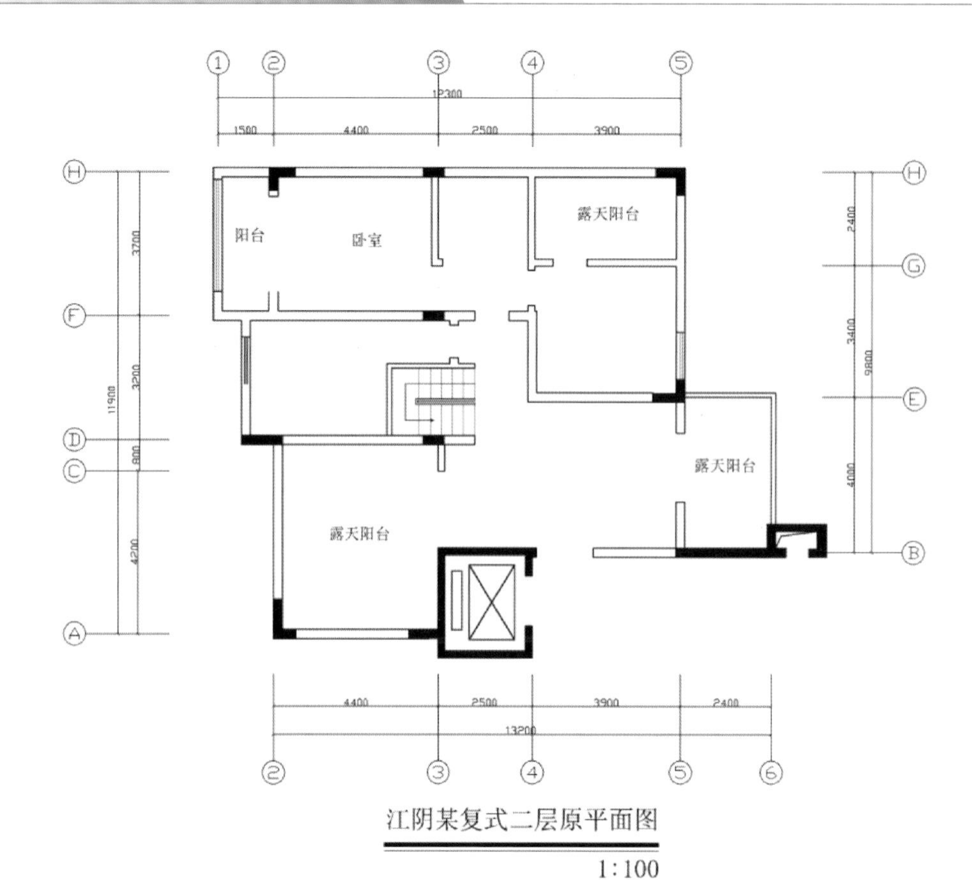

图 4-21 平面图 2

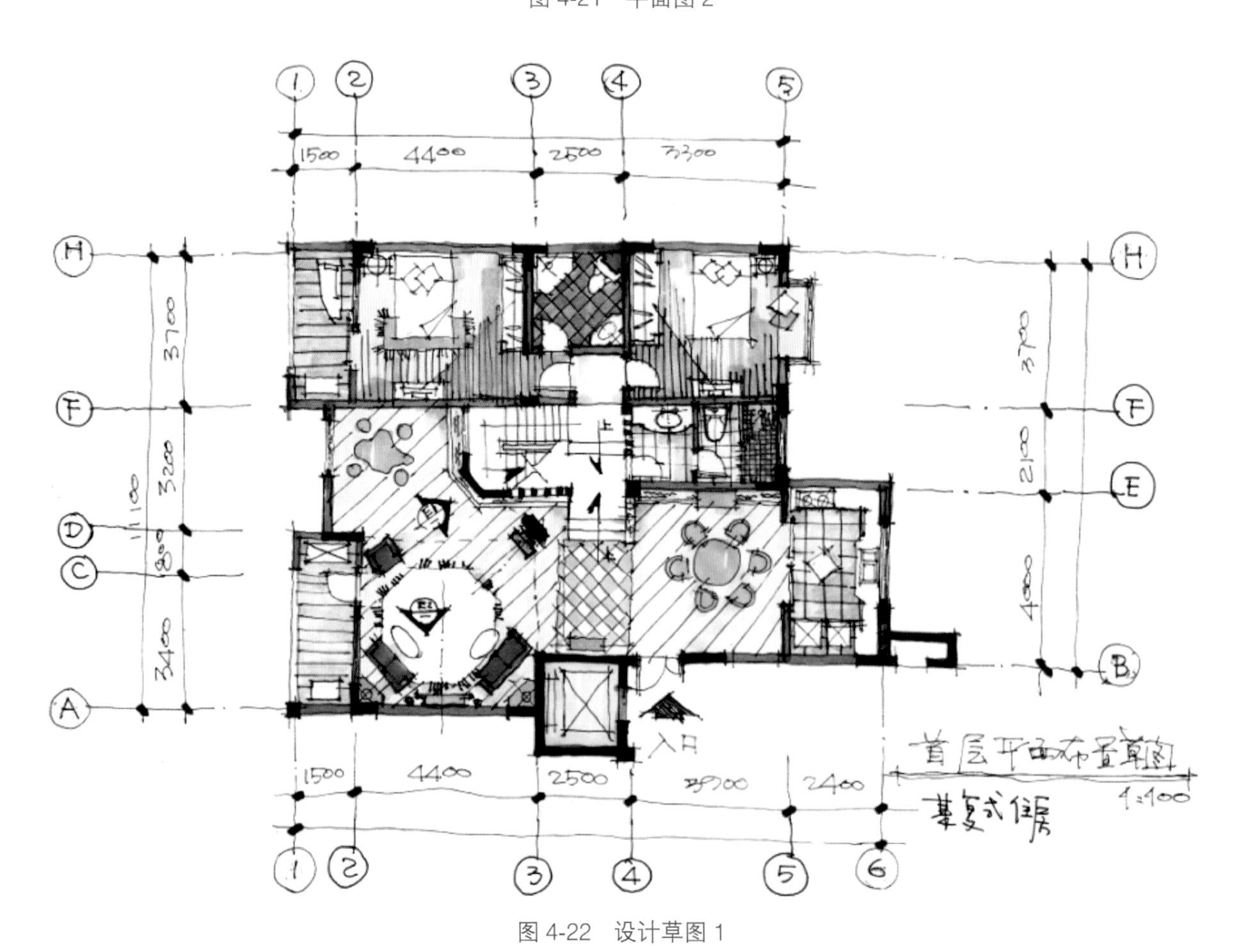

图 4-22 设计草图 1

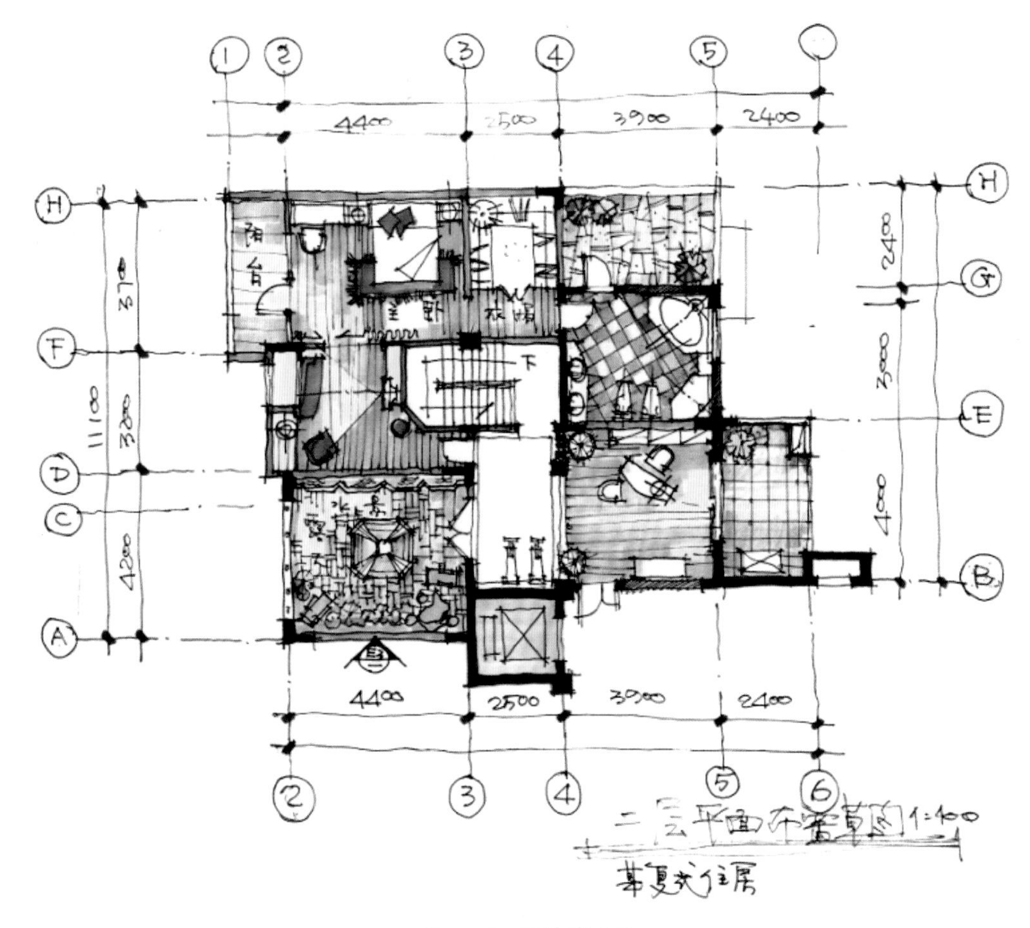

图 4-23 设计草图 2

图 4-24 效果图 1

图 4-25　效果图 2

图 4-26　效果图 3

参考文献

[1] 陈红卫 . 手绘表现技法 [M]. 上海：东华大学出版社，2013.

[2] 于兴财，陆奕兆，王朝阳 . 室内外手绘表现技法 [M]. 武汉：华中科技大学出版社，2012.

[3] 丁斌 . 室内设计表现技法 [M]. 上海：上海人民美术出版社，2008.